AF329198
MARAIS MOUILLÉ

LES

MARAIS MOUILLÉS DE LA SÈVRE

EN 1863.

LES

MARAIS MOUILLÉS

DE LA SÈVRE

EN 1863

Par Théophile GIRAUDEAU,

PRÉSIDENT DU SYNDICAT DES DEUX-SÈVRES.

NIORT

IMPRIMERIE DE L. FAVRE ET Cⁱᵉ.

1863

Le département des Deux-Sèvres est borné, au sud-ouest, par une vaste étendue de terrains, connus sous le nom de marais, qui, livrés à l'agriculture depuis quelques années seulement, ont déjà acquis un immense intérêt agricole.

C'est à cette contrée peu connue, qui commence presque aux portes de Niort, aux villages de Sevreau et Saint-Liguaire, qu'est consacrée cette notice.

C'est en vain que j'ai cherché des renseignements de même nature, sur les siècles passés, je n'ai rien pu découvrir. Il m'a semblé qu'il n'était pas complétement inutile d'essayer d'esquisser la physionomie actuelle d'un pays qui, à mesure qu'il entre dans la voie du progrès, perd chaque jour un peu de l'originalité qui le caractérisait. Je n'ai pas la prétention d'avoir comblé une lacune regrettable. Je n'ai eu d'autre but, que de marquer une date, de planter un jalon, pouvant servir plus tard à l'histoire de la Sèvre et de la vallée qu'elle arrose.

T. G.

LES

MARAIS MOUILLÉS DE LA SÈVRE

EN 1863.

Origine des Marais.

I.

Les marais ne sont autre chose que des lais de mer. A une époque qu'il est difficile de préciser, l'Océan couvrait l'immense étendue de marais du bassin de l'Aiguillon. En opérant peu à peu son mouvement de retraite, qui se continue encore de nos jours, elle a laissé à découvert une partie de l'Aunis et du Bas-Poitou. On évalue à 30 hectares environ, l'espace abandonné chaque année par la mer, qui dans un temps donné, cela n'est pas douteux, finira par fermer le golfe de l'Aiguillon tout entier. Tous les dix ans à peu près, l'administration vend aux populations riveraines, sur certains points du golfe, quelques centaines d'hectares délaissés, qui

sont pourvus d'une digue destinée à les défendre
contre les caprices de la mer, et immédiatement
livrés à l'agriculture. S'il pouvait rester le moindre
doute à l'égard de l'origine des marais, il serait dis-
sipé par les découvertes, auxquelles donnent souvent
lieu les travaux de dessèchement, de nombreux
coquillages de la même espèce que ceux qu'on rencontre sur nos côtes, quelquefois enfouis profondément dans le sol, quelquefois trouvés presque à sa
surface.

Lors de la division de la France en départements,
ces terrains marécageux et presque sans valeur, ont
été répartis entre les trois départements de la Vendée,
de la Charente-Inférieure et des Deux-Sèvres. Notre
département reçut en partage 5,062 hectares (1), qui
se divisent eux-mêmes entre les communes de Saint-
Hilaire-la-Palud, Arçais, Deyrançon, Mauzé, Saint-
Georges, Amuré, le Vanneau, Sansais, Coulon,
Saint-Liguaire, Bessines et Rohan-Rohan.

A l'époque où la mer couvrait ces marais, la Sèvre
navigable n'existait pas. Elle avait son embouchure
vers le point où commencent aujourd'hui les marais,
c'est-à-dire à une très faible distance de Niort, et
son importance fluviale était si insignifiante, que
quelques-uns des anciens géographes s'abstiennent

(1) L'administration avait reconnu l'existence de 15,443ʰ 09ᵃ 72
de marais, dont 6,245ʰ 42ᵃ pour la Vendée, 6,093ʰ 67ᵃ 72ᶜ pour les
Deux-Sèvres et 3,104ʰ pour la Charente-Inférieure. Mais vérification
faite, il fallut réduire ces quantités à 12,682ʰ, dont 5,062 (Deux-
Sèvres), 5,038 (Vendée) et 2,582 (Charente-Inférieure).

d'en parler. Ce n'est qu'à mesure que la mer se reti-
rait, que se créant un lit sinueux à travers les espa-
ces vaseux abandonnés, elle a peu à peu augmenté
son parcours, et s'enrichissant de quelques affluents,
dont le cours s'allongeait aussi, par suite des mêmes
causes, notamment par la rive droite de l'Autise et
de la Vendée, et par la rive gauche de la Guirande
et du Mignon, elle a acquis une importance qui lui
valait, il y a peu d'années, les honneurs d'un
immense projet de canalisation maritime. Ce projet
est aujourd'hui à l'état de souvenir historique, et les
rêves qui lui avaient servi de berceau, sont devenus
ce que deviennent les rêves, quand ils s'égarent dans
le domaine de la fantaisie. Ils se sont envolés avec la
fumée de la première locomotive qui a parcouru le
chemin de fer de Niort à la Rochelle ; et si, ce qu'à
Dieu ne plaise ! il ne prend pas fantaisie à l'Océan de
reconquérir l'espace auquel il semble, d'ailleurs,
avoir renoncé, nous sommes condamnés à ne pas
voir de bien longtemps les voiles des trois-mâts flotter
dans le port de la ville de Niort.

Il y a 40 ans à peine, l'aspect des marais de la
Sèvre avait une physionomie particulière. Pendant
huit mois de l'année l'eau y dominait partout, et
s'étendait, maîtresse absolue, en une vaste couche
qui en couvrait complètement la surface. C'est à
peine, si vers le mois de juin, la pointe des herbes
et des roseaux commençait à la percer. A partir de
ce moment, une végétation puissante, mais étrange,
se dessinait rapidement. De fortes herbes à litières,

connues sous le nom de rouches, des joncs gigantesques, de vigoureux roseaux, de magnifiques oseraies sortaient de l'eau, et enfin sur quelques points, grâce aux mottines, dont le sol semblait semé, tant elles étaient nombreuses, l'homme finissait par prendre pied. Aucun essai de culture ne pouvait se tenter sur ce sol liquide et vaseux, presque toujours inondé, n'ayant d'ailleurs aucune consistance propre, alors même qu'il était à sec. Seulement ça et là, les indigènes, espèce de population étrange, sur laquelle nous aurons occasion de revenir, piquaient dans le sol des branches de peuplier qui devenaient, en peu d'années des arbres magnifiques. Il était évident qu'il y avait là une richesse inexploitée et que le jour où on parviendrait à dégager ce sol vigoureux de l'eau, qui l'enveloppait de toutes parts, il rembourserait largement les dépenses qui auraient été faites dans ce but, et une vaste contrée nouvelle serait acquise à la salubrité et à la vie agricole.

Le problème du desséchement des marais se présente sous deux faces. Le desséchement s'opère de deux manières : soit par l'endiguement, soit par la canalisation. Le premier, quoiqu'il en ait été fait de sérieuses expériences, n'est qu'un expédient, un moyen partiel, favorable sans doute aux intérêts qui le pratiquent, mais nuisible aux intérêts voisins. L'autre, le desséchement par la canalisation, est le seul sérieux et efficace, étendant ses conséquences à tout le bassin, mais par cela même d'une pratique difficile, parce qu'il se complique de la question des retenues d'eau pour l'été, et de la préoccupation des intérêts de la pêche et de la navigation.

L'endiguement, ainsi que son nom l'indique, consiste à entourer d'une forte ceinture de travaux en maçonnerie, le point qu'on veut dessécher, et à pourvoir cette ceinture, à l'extérieur, d'un canal ou contrebot d'alimentation pour les temps de sécheresse. Dans le marais, la nature du sol permet de remplacer comme endiguement, les travaux de maçonnerie, par une simple digue en terre, en ayant soin de l'établir sur le bry. Tout le monde sait que le sol du marais se compose presque uniformément de deux natures bien distinctes : la couche superficielle, qui a généralement de cinquante centimètres à un mètre d'épaisseur, est représentée par une terre tourbeuse et légère, sorte de composé de racines, d'alluvions et de détritus qui sont évidemment les produits accumulés de la végétation du sol pendant de longues générations, et des envasements amenés chaque hiver par les crues des cours d'eau supérieurs. Cette terre spongieuse, d'un brun presque noir, repose sur une couche de bry ou terre argileuse, d'un gris ardoisé et d'une densité remarquable, que l'on considère comme l'ancien lit de la mer. C'est sur ce sous-sol mis à nu qu'il convient d'établir l'endiguement, en ayant soin d'en constituer la base, au moins jusqu'à la hauteur du sol, en bry de même nature, afin d'éviter les infiltrations. Plusieurs endiguements de cette espèce ont été pratiqués dans les deux départements de la Vendée et de la Charente-Inférieure, notamment dans ce dernier département, sur la limite de celui des Deux-Sèvres, sur la rive gauche du Mignon, où, sous le nom de marais de Boère, un millier d'hectares ont été, il y a près de deux siècles, desséchés par ce procédé. L'un des avantages de ce système de dessèchement, en outre qu'il offre les plus sérieuses garanties contre toutes chances d'inondation, et facilite ainsi les cultures de toutes saisons, c'est de permettre de pouvoir faire de la digue elle-même un chemin praticable aux voitures et de racheter une partie de la dépense qu'il occasionne en plantant ses deux talus. Les plantations, très productives dans le marais en général, le sont bien davantage dans cette circonstance, en raison de la fertilité qu'acquiert la levée elle-même, par le mélange de la couche inférieure à la couche superficielle. Le bry est, en effet, un amendement d'une puissance extraordinaire. Il est pour le marais ce que sont la chaux et la marne, dans d'autres natures de terrains.

C'est par opposition aux marais ainsi desséchés, qu'on appelle mouillés, les autres marais qui, ne se trouvant protégés contre l'inondation par aucun moyen artificiel, y sont exposés en toute saison, la subissent inévitablement l'hiver, souvent au printemps, au moment où il convient de faire les labours, et quelquefois l'été, à la veille de la récolte, parvenue à maturité. Quand cela arrive, il est facile de se figurer le désespoir de ces malheureuses populations, quand cette récolte, qui représente toute la fortune de la famille (car si ce pays est plein d'avenir, cet avenir ne commencera à se réaliser que le jour où les travaux de desséchement pourront donner de sérieuses garanties contre les inondations d'été, jusque-là on y vivra à peu près au jour le jour), quand cette récolte, chaque jour visitée, amoureusement soignée, pleine de promesses, est tout-à-coup, de la veille au lendemain, par suite de quelques jours de pluie consécutive, menacée par l'eau, qui, apparaissant dans les fossés à sec la veille, monte lentement, mais sans s'arrêter, remplit le fossé, atteint le niveau du sol, l'effleure, l'envahit et monte, monte encore, jusqu'à ce que toute trace de récolte ait entièrement disparu.

Cultivateurs de la plaine, vos récoltes vous donnent bien des soucis, bien des préoccupations ; l'excès de pluie, la sécheresse, la gelée, la grêle, les orages vous arrachent bien des soupirs, vous occasionnent bien des désastres ; mais le plus souvent ces désastres ne sont que partiels. Un produit vous console d'un autre. Si une de vos cultures a manqué, une autre a réussi. Vous avez quelquefois la ressource de substituer des cultures d'été à celles d'hiver qui se présentent mal, et, s'il est trop tard, vous avez encore, dans les pièces maltraitées un quart de récolte, un cinquième, la paille enfin, si le désastre a dépassé les limites ordinaires. Mais là ! rien, rien ! tout est englouti ! prix de ferme, semence, fumier, main-d'œuvre, tout ! et pas un atome de la récolte ne vient offrir le plus léger dédommagement aux cultivateurs ruinés. Il faut avoir été témoin, comme nous l'avons souvent été, de ce désespoir muet et farouche ; il faut avoir vu ces malhenreux se promenant en bateau sur leurs récoltes mêmes, enfouies au fond de l'eau, pour comprendre ce que c'est que ce fléau. Ils les voient vertes encore et pleines de sève, ils les touchent, mais ils ne les récolteront pas. Quinze jours après, l'eau se sera retirée, et, sous l'action du soleil, les plantes humides, chargées de limon, entrant en décomposition, il faudra attendre, avant de reprendre possession de ces lieux dévastés, que l'atmosphère morbide, produite par les miasmes délétères qui en résultent, se soit assainie.

Voilà le marais mouillé. Quand l'eau s'est retirée au printemps, en temps utile pour permettre les labours ; quand la température d'été s'est montrée favorable et qu'on peut récolter, c'est la fortune, c'est du moins l'existence de la famille largement assurée pour l'année entière, par la culture de deux à trois journaux seulement ; mais quand vient l'inondation d'été, et il y en a eu trois dans la période de 1850 à 1860, c'est la ruine, le désespoir et la peste même, pendant quelques jours.

Les Marais au commencement du XIXe siècle.

II.

Si, remontant de l'époque de transition à laquelle
nous appartenons, et qui nous rend tout à la fois témoins des agitations de l'existence agricole du cultivateur des marais, et des efforts de la science contre
les envahissements de l'eau en temps inopportun,
nous jetons un regard en arrière, et cherchons à
nous rendre compte de ce qu'étaient les marais et
leurs habitants, non-seulement au siècle dernier, mais
sans aller si loin, pendant les 20 ou 30 premières
années de celui-ci, presque hier, nous trouverons le
pays le plus original, les mœurs les plus étranges qui
se puissent imaginer.

Les villages disséminés dans le marais, sont généralement situés sur les terres hautes, et sur leurs
bords extrêmes, dans le voisinage le plus immédiat
de la ligne des marais. Cette situation, très favorable,
permet à leurs habitants d'exploiter tout à la fois le
marais et la plaine. Mais, indépendamment de ces
villages, il existait encore, il y a peu d'années, dans
l'intérieur même du marais, un grand nombre d'habitations isolées, ou sortes de huttes, elles en portaient
le nom, construites en bois et en roseaux, à moitié
implantées dans le sol, à moitié suspendues aux
arbres voisins, inaccessibles aux piétons presque en

tout temps, inhabitables le plus souvent dans leurs
rez-de-chaussées, parquetées d'un exhaussement de
terres et de rouches entremêlées, et pourtant habitées
toute l'année par leurs étranges propriétaires, descen-
dant et remontant sans cesse du rez-de-chaussée à
une espèce de soupente superposée, selon que le niveau de l'eau s'élevait ou s'abaissait. Dans ces habitations humides et primitives, vivaient des familles
entières, toujours très nombreuses, condamnées par
l'eau à une réclusion forcée, pendant la plus grande
partie de l'année. On se demande comment pouvaient
vivre et élever leurs familles ces individus qui ne
possédaient rien et ne se livraient à aucun travail
régulier. Le procédé était fort simple. Il suffisait à
cette époque pour vivre, je ne dirai pas honnête-
ment, mais enfin pour vivre, d'être propriétaire d'un
bateau. A partir du moment où il devenait possesseur
du précieux véhicule, le marais tout entier apparte-
nait à l'heureux huttier. Il pouvait faire le commerce
du bois, commerce d'autant plus fructueux, qu'il
n'avait pour le faire nul besoin de magasins ni de ca-
pital; il faisait le commerce du poisson, et la location
de la pêche n'était pas inventée, ou du moins elle
n'existait pas pour lui. A ces deux industries, il ajou-
tait le commerce du gibier d'eau, fort abondant à
cette époque, celui du jonc, des roseaux, de l'osier,
dont il approvisionnait ses clients des villes voisines.
Enfin, bientôt, ses économies lui permettaient d'ache-
ter une vache; on créait à la hutte un petit appendice
en roseaux, que fournissait toujours le marais, et la

vache était installée sur une épaisse couche de roseaux et de rouches, destinée à la mettre à l'abri des
inondations. Elle venait ainsi augmenter le bien-être
de la famille, et apporter un nouvel appoint à ses
ressources commerciales, sans créer d'autre charge,
que la nécessité d'un voyage, chaque jour, du petit
bateau, pour l'approvisionnement de l'herbe nécessaire.

Chaque matin, l'honnête père de famille partait
avec son bateau, ses filets, son fusil et sa cognée. Le
soir, il ramenait à la hutte, un chargement de bois,
de fourrages, de poissons et de gibier.

Voilà comment dans ces temps bienheureux, sans
posséder un millimètre de terre, sans payer un cen-
time à l'Etat, ni à qui que ce soit, sans redouter le
moins du monde ni les crises financières ou commerciales, ni les crises politiques, dont il se préoccupait
assez peu, grâce aux ressources multiples que lui
offrait le marais, un homme actif, matinal, et sans
préjugés, pouvait entretenir très bien, et élever très
mal sa famille, en satisfaisant ses goûts de vagabon-
dage, et sans se livrer à aucun travail normal.

Il faut bien le dire, à cette époque, dans le marais,
la propriété n'était pas en quelque sorte constituée.
D'anciennes chartes l'attribuaient soit à de grandes
familles, soit à des ordres religieux ; mais la révolution de 1789, en dispersant les titulaires, avait fait
passer presque partout, dans les mains des communes,
la jouissance des marais ; les communes jouissant
elles-mêmes, pour ainsi dire, à titre d'usurpation,

couvraient d'une sorte de tolérance, ces déprédations auxquelles chacun se plaisait à prendre part, et qui n'étaient considérées que comme un prélèvement plus ou moins équitable, pratiqué par chaque habitant, sur ses droits individuels, au partage communal.

La surveillance était d'ailleurs impossible, aucun chemin n'étant établi sur ce sol constamment couvert d'eau, considéré comme tellement impénétrable à toute investigation, que sous le premier Empire, ces cabanes aériennes, que nous avons décrites, servaient d'asile à un certain nombre de réfractaires des départements voisins, qui vivaient là dans la plus complète sécurité. On en trouve encore quelques-uns, qui, entraînés par la force de l'habitude, ou par l'attrait de cette existence indépendante, après l'avoir pratiquée pendant plusieurs années, ont épousé les filles des huttiers qui leur avaient donné asile, et finissent aujourd'hui leur carrière au coin du foyer de leurs petits enfants.

Aujourd'hui tout est bien changé. Les marais qui avaient appartenu aux anciennes familles émigrées, ont été revendiqués par les ayant-droits des anciens propriétaires, et se sont pour la plupart vendus en détail. Ceux qui avaient appartenu aux ordres religieux, sont revenus dans les mains de l'Etat, et ont subi le même sort. Ces revendications ont eu pour effet de restreindre, mais de confirmer les possessions communales. Les communes, devenues propriétaires légitimes, se sont mises en mesure d'appliquer à leurs marais les principes d'une administration sérieuse.

Les ventes en détail ont créé une classe nombreuse de propriétaires, très soucieux de leurs droits, comme tous les nouveaux propriétaires. L'administration des ponts et chaussées s'est emparée des principaux cours d'eau, et les a soumis au régime de réglementation, qui est, en quelque sorte, l'essence traditionnelle de cette administration. Des syndicats se sont formés dans les trois départements pour tenter le desséchement, et les premiers essais ayant pleinement réussi et donné la mesure de ce qu'on devait attendre de l'avenir, un personnage nouveau, inconnu jusque-là, dans ces solitudes marécageuses, le garde champêtre a fait son apparition.

A partir de ce moment, une ère nouvelle commençait. C'en était fait de ces retraites inaccessibles, où la loi et la civilisation n'avaient pu jusqu'ici faire pénétrer leurs représentants. C'en était fait pour le huttier, de cette vie aventureuse et indépendante qu'il avait menée jusque-là. Ces marais où il était né, où il trouvait si facilement et si naturellement son existence, on lui en enlevait la jouissance. Le gibier d'eau continuait à venir s'abattre autour de lui, et il ne pouvait plus chasser sans payer un droit à l'État; le poisson venait toujours prendre ses ébats jusqu'à la porte de sa hutte, et il n'avait pas le droit de pêcher, la pêche était affermée. Quant à continuer ce commerce de bois, alimenté par les plantations qu'il rencontrait dans ses courses matinales, il n'y fallait plus songer. Il lui avait suffi de quelques minutes de conversation avec le garde champêtre, pour apprendre qu'il existait tout un ordre de choses qu'il avait semblé ignorer jusque-là, c'est-à-dire qu'il n'y avait que deux manières de jouir du sol et de ses produits, qu'il fallait en être propriétaire ou fermier, qu'en dehors de ces deux situations, on se trouvait toujours à un moment donné, face à face avec lui, garde champêtre, c'est-à-dire avec le procès-verbal, le procureur impérial, l'amende et la prison. Ce fut pour le pauvre huttier une révélation terrible, et ce n'est pas sans lutte, avec ce principe d'envahissement qu'il considérait comme une atteinte sérieuse à des droits consacrés par le temps, qu'il finit par céder, et par renoncer peu à peu à ses anciennes habitudes, pour rentrer dans les conditions normales imposées par la société à tous ses membres. Aujourd'hui, c'est en vain qu'on chercherait un spécimen exact de la hutte primitive ; elle a disparu. Il existe encore ça et là de pauvres habitations ; mais elles sont toutes établies sur la terre ferme, et généralement construites en pierres. Les fils des huttiers sont devenus d'honnêtes cultivateurs, ayant une teinture suffisante des lois sur la propriété, payant parfaitement leurs impositions, cultivant le haricot, ne chassant qu'avec des permis, et ne pêchant qu'en vertu de baux authentiques avec l'Etat ou les syndicats.

Il reste encore pourtant quelques individualités isolées, types un peu effacés de l'ancienne race à peu près disparue des huttiers de la Sèvre. Il en existe deux, dans la même commune : l'un d'eux a vécu dans le bon temps, comme il dit. Sa vie a été une longue protestation contre l'ordre de choses nouveau. Il a en été naturellement victime ; il a eu de nombreux procès-verbaux ; il a été condamné à des amendes qu'il n'a pu payer. Sa hutte a été vendue. Sa femme est morte à quelque temps de là, de misère et de chagrin ; ses enfants sont dispersés comme domestiques dans les fermes de la Saintonge. Mais lui, il reste là... Il y est né, il veut y mourir. Il s'est procuré depuis quelque temps un mauvais petit bateau, qu'il a réparé, et dans lequel il passe ses journées, en parcourant les rigoles et les fossés des marais. Son existence est un mystère. Mais, comme il est très vieux, et qu'on le sait fort dénué, le garde ferme les yeux quand il passe, afin de ne pas voir ce qu'il y a dans son bateau. C'est, du reste, un homme doux et inoffensif, aimant à causer du passé qu'il regrette naturellement beaucoup. Je le rencontrai dernièrement dans un fossé trop étroit, où son bateau et le mien auraient pu se croiser facilement, si le niveau de l'eau eut été plus élevé ; mais le fossé étant presque à sec, nous fûmes arrêtés côte à côte. — Et bien, père Durand, lui dis-je, que pensez-vous de nos marais? vous qui les avez connus autrefois et qui savez mieux que personne, que dans cette saison, c'est à peine si on voyait sortir de la vase, des mottines informes dont les vaches ne voulaient pas manger les rouches, vous devez être bien fier de voir votre pays transformé comme cela. Voyez comme ce sol est uni, comme cette herbe est fine, et ces immenses étendues de haricots qui font ressembler nos marais à des jardins. — Il secoua la tête d'un air mélancolique. — Je dis pas non, Monsieur, je dis pas non, me répondit-il, je conviens qu'on n'a pas perdu tout-à-fait son temps, et que tout çà n'est pas désagréable à l'œil. Mais c'est égal, ça ne m'empêche pas de regretter le passé. Ah, Monsieur, quelle différence! au lieu de ce mauvais fossé où deux bateaux ne peuvent pas passer à la fois, une belle plaine d'eau, en toute saison, où on pouvait aller et venir tout à son aise le jour et la nuit; et les canards, Monsieur, fallait voir, dans l'hiver... J'en ai abattu vingt-deux, un matin, Monsieur, au lever du jour, d'un seul coup de fusil. Et le poisson... tenez, il m'arrivait souvent de prendre des anguilles grosses comme çà; il me montrait sa jambe... à présent! essayez... Les canards, il n'en est pas venu un cent l'hiver dernier, que voulez-vous qu'ils viennent faire, il n'y a plus d'eau, et pour les anguilles, c'est de vrais tuyaux de plume. — Désespérant d'amener le brave homme à reconnaître la supériorité du présent sur le passé, je préférai paraître partager ses regrets et ses théories rétrospectives, et après lui avoir donné quelques pièces de monnaie, sous prétexte d'avance sur des filets que j'avais l'intention de lui commander, je le quittai un peu consolé.

L'autre type est un jeune homme qui n'a pas connu l'ancien état de choses, mais il est le dernier représentant d'une longue génération de huttiers, qui se perd dans la nuit des temps. Il est né dans un bateau. C'est du plus pur et du meilleur sang de huttier qui coule dans ses veines. Ce sont ses instincts naturels, plus encore que son éducation, qui l'ont conduit à l'existence anormale qu'il a.toujours menée. Cependant, après de nombreux procès avec la justice, qu'il a généralement perdus, il a voulu un jour essayer de l'existence qu'on voulait lui imposer. Il a pris en location un carré de marais et l'a mis en culture. Malheureusement, au moment où il allait récolter, une inondation, celle de 1859, je crois, est venue détruire ses espérances. Complètement démoralisé par cette tentative infructueuse dans la bonne voie, il est revenu à ses habitudes de maraudage. Robuste, agile, adroit, il a acquis dans cette existence vagabonde, un développement musculaire et une acuité de sens que lui envierait un chef d'Indiens de la prairie; mais, malgré toutes ces précieuses qualités, il passe chaque année plusieurs mois en prison. Il est destiné à finir, comme le père Durand, dans l'oisiveté et la misère, ainsi que cela arrive toujours quand on se met en lutte avec la société, qui n'a sans doute pas atteint encore l'idéal de la perfectibilité, mais qui, en définitive, a pour elle le droit et la raison, comme elle dispose de la force et de l'autorité

Le Dessèchement, d'après l'ordonnance du 24 août 1833.

III.

Jusqu'au règne de Henri IV, on ne trouve nulle trace sérieuse de tentative de desséchements dans les marais du golfe de l'Aiguillon. Ce n'est qu'en 1599, à la date du 8 avril, sous l'intelligente initiative de Sully, que paraît un édit qui autorise les dessèchements de nos marais, et en confie le privilége et la direction à Humfroy Bradley, gentilhomme brabançon, et à plusieurs autres personnages flamands ou hollandais, les travaux hydrauliques étant, comme ils le sont encore aujourd'hui, mieux entendus et pratiqués dans ces contrées que dans aucune autre.

Un nouvel édit de 1607, étendant la faculté du desséchement, accordant de nouvelles facilités et de nouveaux avantages à ceux qui voudraient se livrer à cette entreprise, et conférant des titres de noblesse à 12 *vilains*, qui s'étaient fait remarquer par la part active qu'ils avaient prise à des essais de dessèchement, vint confirmer le premier, appeler l'attention publique sur cette réforme économique, et pousser vers elle les populations intéressées pendant une partie du 17e siècle. Mais le seul système de desséchement pratiqué à cette époque consistait à faire des travaux de ceinture, pour mettre des parcelles de marais à l'abri des inondations, et à pourvoir la ceinture, à sa base, d'un tube d'accès pour y introduire des eaux d'irrigation pendant les sécheresses de l'été. Ce procédé, exclusif et partiel, quoique produisant des résultats immenses et très-favorables aux parcelles auxquelles il était appliqué, ne pouvait avoir pour conséquence de transformer radicalement la physionomie générale du pays, et il avait le tort de laisser complètement de côté la question de navigation. Aussi, bien que ces desséchements aient été entrepris sur une certaine échelle, et qu'ils aient produit d'incontestables résultats, on peut dire que c'est le décret impérial de Napoléon Ier qui est le point de départ des améliorations sérieuses appliquées au régime de la Sèvre-Niortaise, tant au point de vue de la navigation, que du desséchement des marais.

Ce décret, signé à Bayonne, où se trouvait Napoléon depuis le 14 avril, porte une date remarquable : le 29 mai 1808, veille de la St-Ferdinand, qui fut, comme on le sait, le signal de l'insurrection, qui s'étendit bientôt à toutes les provinces de l'Espagne, contre l'ordre de choses nouveau établi par Napoléon, qui venait de reprendre violemment la couronne des mains de Ferdinand VII, l'avait rendue au malheureux Charles IV, pour la lui reprendre sous forme de cession, et la transmettre à Joseph, en échange de la couronne de Naples, que celui-ci cédait à Murat. C'est un fait assez curieux que ce décret sur la Sèvre-Niortaise, ses affluents et ses marais, rendu dans un pareil moment! Quelle étrange coïncidence que cette date du 29 mai 1808, qui est en même temps celle du décret et celle du jour qui éclaira le point exact du sommet le plus culminant de cette prodigieuse fortune! Le lendemain, 30 mai, éclate l'insurrection qui nous coûta tant de sang, et nous valut nos premiers revers. Ce fut ce même jour qu'on vit pour ainsi dire se plisser, pour la première fois, le front de la fortune, et que commença cette période du déclin, où devaient se rencontrer encore pour l'histoire, tant de pages éclatantes à recueillir, mais à l'extrémité de laquelle se trouvaient aussi d'immenses catastrophes, et pour la France, et pour l'homme extraordinaire auquel elle s'était donnée. Quel singulier rapprochement, que ce regard abaissé sur la Sèvre-Niortaise, au moment où de si vastes pensées bouillonnaient dans ce cerveau puissant, qui ne savait plus se contenir ; à ce moment précis, où cet aigle qui s'était élevé si haut qu'il ne pouvait plus monter, allait commencer à redescendre vers la terre.

Le décret du 29 mai 1808, qui n'a pas moins de 28 articles, contient quelques dispositions relatives au desséchement des marais ; mais c'est surtout la pensée de navigation qui était la grande préocupation de l'époque, qui l'a inspirée. Il a même, à cet égard, un article par lequel cette idée se manifeste d'une façon assez extraordinaire. Il est dit dans l'article 26 : « Les bâtiments qui navigueront sur la Sèvre, ne pourront jeter dans ce fleuve leur lest. Il leur sera indiqué un emplacement pour le déposer. » Or, comme il n'est fait dans le décret aucune distinction entre la Sèvre maritime et la Sèvre fluviale, que l'article 2 dit « que le cours de la Sèvre sera libre et entretenu, continuellement dégagé de tous obstacles quelconques depuis la ville de Niort jusqu'à la mer, » il ne paraît pas impossible d'admettre que dans la pensée de Napoléon Ier, les navires dont il parle dans l'article 26 étaient destinés à circuler de Niort à la mer. Malheureusement ce décret, qui détermine la largeur à donner à la Sèvre dans tout son parcours, est muet sur sa profondeur, et sur les ressources destinées à assurer l'exécution de ses dispositions. C'est ce qui a été cause sans doute qu'il n'y a pas été donné de suite immédiate, et qu'à la chûte du gouvernement impérial, il est resté longtemps enfoui et oublié dans les cartons ministériels.

Quelqu'incomplet qu'il soit, ce décret n'en est pas moins un document historique, qui a sa valeur comme démonstration de cette vérité, que l'ère de progrès que nous avons parcourue d'une manière si brillante depuis le commencement de ce siècle, a pour dates la révolution et le règne impérial, et que dès cette époque la plupart des grandes questions d'intérêt public ont été abordées, sinon entièrement résolues.

En 1822, 14 ans après le décret impérial, un projet, approuvé par le conseil général des ponts et chaussées, est venu réveiller la question assoupie de la canalisation et du desséchement de la Sèvre; mais en matière de travaux publics on procède en France avec une majestueuse lenteur, et il n'est pas rare de

voir telle question qui surgit, user une génération entière en travaux d'étude et de formalités administra-
tives. C'est ce qui a lieu pour la question de la Sèvre.
Un projet voit le jour en 1822 , les conseils généraux
des trois départements l'approuvent en 1824 , les
conseils municipaux des communes intéressées s'en-
gagent en 1825 à voter les sommes nécessaires ; on va
sans doute se mettre à l'œuvre en 1826. Erreur.... La
question n'est pas mûre.... Il ne faut rien précipiter.
Quatre années s'écoulent encore sans qu'aucune ma-
nifestation extérieure du projet ne transpire. Enfin le
4 février 1829, au lieu de l'ordonnance organisant
les syndicats et indiquant les travaux à exécuter,
paraît une ordonnance royale prescrivant diverses
modifications au décret impérial de 1808. Quoi qu'il
en soit, c'est un nouveau réveil de la question ; l'année
1830 est consacrée à la rédaction d'un projet de
réglement d'administration publique concerté entre
les préfets des trois départements ; l'année 1831 voit
éclore un deuxième projet de réglement d'administration publique ; celle de 1832, très-laborieuse, très-
chargée de délibérations de corps constitués, d'arrêtés administratifs, de rapports d'ingénieurs et d'avis
du Conseil d'Etat, semble annoncer enfin le terme
prochain de cette longue gestation. En effet, le 24
août 1833, après un quart de siècle d'études et de
travaux préliminaires, paraît l'ordonnance royale organisant les sociétés de marais mouillés, prescrivant
leurs attributions, indiquant les travaux de dessèchement à exécuter, et assurant leur exécution en don-

nant aux sociétés syndicales les moyens de créer les ressources nécessaires.

Nous démontrerons tout à l'heure que cette ordonnance n'a fait qu'ébaucher la question du desséchement. Mais ce n'en est pas moins une date précieuse pour les marais, que celle du 24 août 1833, puisqu'elle est le point de départ d'une véritable révolution dans les mœurs des habitants et dans la physionomie, la nature et la valeur du sol.

On peut dire que rien n'est plus élémentaire que l'idée du desséchement des marais, et plus simple que son exécution. Le desséchement, c'est le drainage à ciel ouvert; un excédant d'eau étant donné, il s'agit d'en débarrasser les terrains qu'il compromet, et de le conduire vers un réceptacle placé sur un plan inférieur. Pour les marais de la Sèvre, le réceptacle c'est la mer. En temps ordinaire, le lit de la Sèvre suffit à contenir les eaux du fleuve et celles de ses affluents et à les conduire à la mer, mais il arrive au moins une fois l'année, et cela s'est rencontré jusqu'à quatre ou cinq fois, que par suite des pluies d'automne et d'hiver, quelquefois même de printemps, le niveau de la Sèvre s'élève tout à coup dans de telles proportions, que malgré l'extrême rapidité du courant qui en résulte, le lit est impuissant à contenir cette masse d'eau accidentelle, et les marais sont inondés. Si ces inondations se produisaient avec la périodicité de celles du Nil, il n'y aurait qu'à s'en féliciter, car il y a telle saison où elles sont un bienfait. Mais quoique plus fréquentes, dans la saison où elles ne peuvent être nuisibles, elles se produisent parfois dans les autres, et soit qu'elles retardent les semences et les labours, soit qu'elles menacent les récoltes elles-mêmes, elles sont pour les cultivateurs un danger et une préoccupation perpétuelle. L'art du desséchement consiste à mettre le marais à l'abri de ce danger. Pour arriver à ce résultat, il y avait trois moyens efficaces dont le succès était certain :

L'élargissement, le redressement et l'approfondissement, dans de certaines proportions, du lit de la Sèvre ;

L'endiguement de ses rives ;

La création d'un canal latéral de Coulon à Marans.

L'un ou l'autre de ces trois moyens était infaillible pour donner à la Sèvre les ressources d'évacuation qui lui faisaient défaut. Nous examinerons tout à l'heure la question au point de vue de la retenue des eaux d'été. Voyons comment elle est traitée au point de vue du desséchement par l'ordonnance du 24 août 1833.

Nous venons d'indiquer sommairement les trois moyens les plus simples et les plus rationnels qui se présentent à l'esprit pour écouler vers la mer ce trop plein, que l'insuffisance du lit de la Sèvre rejette sur ses rives et qui, pour le seul bassin de notre rivière, couvre dans les trois départements une espace de 12 à 15,000 hectares. L'ordonnance de 1833 les a rejetés tous les trois, ou plutôt elle n'a rejeté que le second, l'endiguement tel qu'il est pratiqué sur la Loire, sur le Rhône et sur tant d'autres fleuves, et n'adoptant pas franchement l'un des deux autres moyens, l'élargissement et le creusement du lit, ou la création d'un canal latéral partant de Coulon, cotoyant la Sèvre et portant concurremment avec elle les eaux d'inondation au delà du port de Marans, elle s'est arrêtée à un moyen terme, à un palliatif bâtard, confondant timidement les deux systèmes et ne devant aboutir, suivant les prévisions dès longtemps exprimées par les principaux intéressés, qu'à un demi-résultat.

Nulle rivière peut-être n'est plus sinueuse que la Sèvre, et cette circonstance fâcheuse, au point de vue de l'écoulement des eaux qu'elle paralyse, et de l'envasement qu'elle développe, semblait militer en faveur de la création d'un vaste canal latéral, qui aurait permis de renoncer aux nombreux redressements nécessités par les sinuosités de la Sèvre, redressements toujours fort dispendieux et inefficaces, en ce sens que s'ils offrent un écoulement nouveau, ils provoquent, l'expérience ne l'a que trop démontré, l'envasement du lit abandonné.

L'ordonnance de 1833 n'a voulu résolûment ni le redressement des sinuosités, ni le creusement du lit de la Sèvre, et cependant elle a prescrit deux redressements, l'un à la rivière de Béjou, en amont de Bazouin, et un autre au fossé du Loup, en aval de Maillé. Elle n'a pas voulu de canal latéral, et elle a prescrit l'exécution de deux petits canaux ou rigoles, à droite et à gauche de la rivière, ayant leurs prises d'eau à quatre kilomètres environ en aval de Coulon,

et leur embouchure , celui de droite à Damvix (1),
et celui de gauche dans le Mignon, c'est-à-dire venant
ramener à la Sèvre, vers le milieu de son parcours
de Niort à Marans, les eaux empruntées dans la partie
supérieure.

Ces travaux, mis à la charge des syndicats, ont été
rapidement exécutés, et ont produit d'excellents résultats; mais ils n'ont pas résolu la question, car,
depuis leur exécution, les marais ont éprouvé les
trois inondations les plus désastreuses qu'ils aient
jamais éprouvées. Cela tient à des causes que depuis
leur organisation, les syndicats n'ont cessé de signaler
au gouvernement et à l'administration des ponts-et-
chaussées. La Sèvre qui, dans sa partie supérieure, a
été jugée insuffisante puisqu'on a cru utile de la
pourvoir de deux rigoles latérales, se trouve réduite
au-dessous de Damvix, jusqu'à Marans, aux seules
ressources de son propre lit, les deux rigoles ne des-
cendant pas au delà de ce village. De telle sorte que
pour porter à Marans cette accumulation rapide vers
le milieu de son bassin, produite par le lit principal
et les deux rigoles, augmentée des dégorgements
effrayants, en temps d'inondation, du Mignon, de la
jeune et la vieille Autize, de la Vendée et de quelques
ruisseaux accessoires, il n'y a plus à partir de Dam-

(1) L'ordonnance du 24 août 1833 avait prescrit l'exécution de
trois rigoles de desséchement pour la rive droite , mais sur la récla-
mation des deux départements de la Vendée et des Deux-Sèvres ,
une ordonnance du 10 mai 1854 convertit les trois rigoles en une
seule, dite de ceinture.

vix que le lit de la Sèvre, qui n'est ni plus large ni plus profond qu'en amont.

Nous touchons là à des questions qui semblent être du domaine exclusif de la science, et nous nous permettons de les traiter sans autre ressource que le simple bon sens. Mais nous n'en sommes plus aux hypothèses scientifiques. Les faits ont parlé avec leur brutale éloquence, et les raisonnements ne sauraient remédier aux funestes conséquences qui sont résultées et qui résulteraient encore, le cas échéant, d'un état de choses profondément vicieux. Les deux rigoles s'arrêtant vers Damvix, on n'a jamais su pourquoi, il faut de toute nécessité qu'à partir de ce point, le lit de la Sèvre soit redressé, élargi, approfondi. Ce n'est pas la rivière du Moulin des Marais, située près de Marans, ni le faible secours du contrebot de Vix, qui peuvent la soulager sérieusement de l'excédant qui l'engorge au-dessous de Bazouin. Ce sont des palliatifs, ce ne sont pas des remèdes sérieux. Le mal est là, entre Bazouin et Marans ; c'est là qu'il faut faire aujourd'hui ce qu'on aurait dû faire dès le début, ce que les syndicats ont demandé dans vingt procès-verbaux et pétitions, une canalisation profonde, rapide, sérieuse.

Nous examinerons plus loin ce qu'il pourrait convenir de faire à Marans même.

En même temps qu'elle faisait exécuter par les syndicats, dans la Sèvre supérieure, les travaux que nous avons indiqués, l'administration exécutait elle-même, en aval, certains travaux de redressement du lit de la Sèvre, destinés dans sa pensée à lui donner les moyens de recevoir et d'écouler tous ces trop pleins accumulés. Mais ces travaux insuffisants n'étaient pas de nature à arrêter les effets des inondations, et, de l'aveu de l'administration des ponts et chaussées, il y a lieu de les reprendre aujourd'hui et de leur donner des proportions plus en rapport avec leur destination.

Près de 30 ans sont aujourd'hui écoulés depuis l'ordonnance du 24 août 1833, plus de 54 ans depuis celle du 29 mai 1808. Les syndicats des trois départements ont dépensé plus de 1,200,000 fr., tant pour l'exécution des travaux prescrits par la dernière ordonnance, que pour des travaux accessoires qu'ils se sont eux-mêmes imposés. Des sommes considérables ont été consacrées par l'État en travaux exécutés par lui, en frais de bureaux, en études de projets sérieux ou fantastiques, et malgré les grands résultats obtenus, ainsi que nous l'avons déjà dit, la question n'est encore pour ainsi dire qu'ébauchée.

Il est vrai qu'elle se présente sous une triple face, car, indépendamment du desséchement, elle comporte deux autres intérêts : ceux de la navigation et ceux de l'irrigation des marais pendant l'été. Nous n'avons pas à nous occuper ici de la navigation; c'est une question d'ailleurs assez secondaire depuis l'établissement du chemin de fer, qui a déjà absorbé plus de la moitié du trafic de Niort à la mer, qui s'effectuait autrefois par la Sèvre, et qui pourra absorber le reste quand il voudra mettre en pratique la réduction facultative de son tarif de La Rochelle à Niort, à 4 centimes par tonne et par kilomètre. Nous ferons remarquer toutefois qu'il est assez étrange qu'après avoir abandonné la Sèvre à elle-même, alors qu'elle était la principale voie de communication entre Niort et la mer, et que l'industrie du batelage était relativement florissante, on essaie aujourd'hui par des travaux en cours d'exécution et de grands projets, qui ont le tort de venir trop tard, de rendre à la navigation les conditions de vitalité qu'elle a perdues. Ces tentatives, que nous approuverions si elles ne devaient absorber des sommes importantes qui pourraient être employées beaucoup plus utilement dans la Sèvre, pour le seul intérêt sérieux aujourd'hui, celui de l'agriculture, ne sont que des essais de galvanisme sur un cadavre.

Nous avons quelques raisons de croire que ces idées sont partagées par l'administration actuelle des ponts et chaussées à laquelle nous reconnaissons parfaitement le droit de n'accepter, que sous bénéfice d'inventaire, la responsabilité d'un passé auquel elle est étrangère.

Inondations d'été en 1852, 1855 et 1859.

IV.

Trois inondations d'été ont désolé les marais de la Sèvre, dans la période de 1850 à 1860, et ont anéanti complètement les récoltes de toute nature.

Invité à faire un rapport sur la première, celle de 1852, sur les causes qui l'avaient provoquée et sur les moyens d'en prévenir le retour, M. l'ingénieur en chef Maire, dans un remarquable travail hérissé de chiffres et de démonstrations algébriques, dans lequel nous ne le suivrons pas, et pour cause, établit que l'inondation dont il s'agit doit être attribuée aux pluies exceptionnelles qui sont tombées pendant 65 jours des mois de mai, juin, juillet et août 1852, c'est-à-dire environ un jour sur deux. Se basant sur des observations udométriques, recueillies pendant une période de 22 ans, il affirme que ce phénomène météorologique ne s'était pas produit une seule fois pendant le cours de ces 22 ans, sauf pour l'année 1840, où des pluies exceptionnelles avaient occasionné une inondation extraordinaire. Mais c'était une inondation d'hiver qui n'avait causé aucun préjudice aux intérêts de l'agriculture.

Après avoir examiné la configuration de la Sèvre et avoir évalué par des chiffres, sa capacité et ses moyens d'évacuation, M. l'ingénieur en chef Maire n'hésite pas à conclure que si, dans l'état actuel des choses, elle était matériellement impuissante à préserver le marais des inondations inopportunes, on ne saurait se résigner à accepter cette situation comme fatale et sans remède. A ses yeux, il serait facile de maîtriser les inondations à l'aide des travaux suivants :

1° Le creusement de la Sèvre entre le fossé du Loup et Marans ;

2° La création d'un canal maritime, partant de Marans, rive de gauche de la Sèvre, et aboutissant par une ligne directe, à l'embouchure du canal de la Banche ;

3° Approfondissement et élargissement de la rivière du Moulin des Marais, entre la Sèvre et la route nationale n° 137 ;

4° Raccordement du haut avec le bas contrebooth de Vix au Gouffre.

Ces travaux, d'après les évaluations de M. Maire, devaient s'élever, sans y comprendre le canal maritime, mais en y comprenant un barrage à établir à l'entrée de la rivière du Moulin des Marais, à 400,000 fr.

Quelques mois avant le rapport dont nous venons d'indiquer les conclusions, le Président de la République était passé à Niort, et frappé comme l'avait été Napoléon Ier, en 1807, des ressources de la Sèvre, il lui avait généreusement alloué une subvention de 500,000 fr.

L'occasion était belle pour exécuter le programme réparateur de M. l'ingénieur en chef. Mais quand vinrent les premières allocations budgétaires de la subvention libérale du chef de l'État, les larmes occasionnées par la catastrophe de 1852 s'étaient séchées, et à l'insouciance des faits accomplis, avait succédé bientôt la confiance dans l'avenir, et la conviction que cette catastrophe étant exceptionnelle, elle ne se renouvellerait plus. Trois ans après, en 1855, une nouvelle inondation d'été vint détruire les récoltes et ruiner les habitants. Quatre ans plus tard, pendant les mois de mai et juin 1859, deux inondations nouvelles vinrent anéantir coup sur coup tout vestige de récolte, et porter à son comble le désespoir des cultivateurs des marais.

Cette fois ce fut un *tolle* général ; les habitants, isolément, par groupes ou par communes, exposèrent à l'administration leur détresse. Les syndicats les appuyèrent près de l'administration des ponts et chaussées, près de l'administration départementale, près du Gouvernement lui-même. Les pétitions se succédaient et se croisaient sans interruption.

Les trois syndicats se réunirent extraordinairement à Marans et convinrent d'adresser au Ministre des travaux publics la pétition suivante :

Monsieur le Ministre,

Les syndicats des marais mouillés des vallées de la Sèvre, des Autises et du Mignon, ont l'honneur de vous exposer que deux inondations générales et successives, survenues pendant les mois de mai et juin derniers, ont jeté la désolation dans les trois

départements de la Vendée, de la Charente-Inférieure et des Deux-Sèvres; que ce désastre, en raison de la coïncidence des grandes marées de cette
époque, a été l'occasion de pertes d'autant plus
sérieuses, que par suite du séjour prolongé de l'eau
sur le marais, non-seulement les récoltes en terre
ont été complètement détruites, mais qu'il a été
impossible d'essayer de nouvelles cultures.

La gravité des dommages ne nous permet pas
cette fois, Monsieur le Ministre, de le subir en silence,
ainsi que cela nous est souvent arrivé. Nous venons
donc, aujourd'hui, vous exposer notre profonde désolation, avec la confiance que la sollicitude éclairée du
Gouvernement ne nous fera pas défaut, et saura nous
venir en aide, en prenant des mesures qui nous met-
tent à l'abri du retour de pareils malheurs.

Vous savez en effet, Monsieur le Ministre, que par
ordonnance du 20 août 1833, des travaux de dessèchement, pour l'amélioration des marais mouillés,
ont été déclarés d'utilité publique; que les ouvrages
qui devaient être exécutés dans l'intérêt commun des
trois départements, évalués d'abord à 268,000 fr.,
ont dépassé de beaucoup cette somme; que de son
côté, chaque syndicat a fait exécuter et entreprend
chaque jour de nouveaux travaux qui doivent con-
courir à assurer, dans son périmètre, le résultat qu'on
se propose.

L'ensemble de ces travaux n'a pas coûté jusqu'à
ce jour moins de 900,000 fr. L'État, dans l'intérêt
de la navigation, a entrepris dans le lit de la Sèvre

des redressements et des approfondissements dont la dépense a certainement dépassé le chiffre de 200,000 fr.

Quelqu'insuffisants qu'aient été ces travaux, ils n'en ont pas moins considérablement amélioré la position des marais de la vallée, puisque leur valeur qui, en 1832, atteignait à peine le chiffre de 300 fr. l'hectare, dépasse aujourd'hui celui de 2,000 fr. On ne peut non plus méconnaître que l'État retire un revenu considérable de cette plus-value, par suite des droits qu'occasionne la mutation des propriétés sur une superficie de 12 à 15,000 hectares.

Toutefois les syndicats, reconnaissant qu'il y a beaucoup à faire dans l'intérêt de l'agriculture, sont prêts à s'imposer de nouveaux sacrifices, en coopérant aux travaux qu'il conviendra à l'État d'entreprendre. Nous vous rappellerons à cet égard, Monsieur le Ministre, ceux que dans des précédentes pétitions, nous vous avons désignés comme devant prévenir le retour des désastres signalés; et nous fondant sur l'allocation de 500,000 fr. accordée par Sa Majesté l'Empereur, lors de son passage à Niort, allocation applicable aux travaux de la Sèvre et de ses affluents, dont une grande partie doit se trouver encore disponible, nous venons supplier Votre Excellence de prendre en considération la triste situation dans laquelle se trouvent nos marais, et d'admettre la vallée de la Sèvre à participer aux secours affectés par l'État à l'exécution des travaux qui doivent préserver les vallées des inondations. Ces travaux, en co qui nous concerne, et que nous regardons comme des plus urgents, seraient quant à présent :

Le redressement, l'élargissement et l'approfondissement de la Sèvre depuis le fossé du Loup jusques et au-delà de Marans, comme travail d'ensemble, et comme détail :

1° L'enlèvement de la barre des anciens batardeaux qui ont été laissés à l'ouverture du fossé du Loup, lors de sa construction ;

2° Celui des attérissements qui se sont formés au Roc des Rouleaux;

3° L'élargissement et l'approfondissement du canal des Sablons;

4° L'enlèvement de la barre qui existe à la bonde des Jourdains ;

5° L'élargissement et l'approfondissement du canal de Pomère;

6° L'approfondissement de la Sèvre depuis le barrage de Pomère jusqu'à l'embouchure de la rivière du Moulin des Marais.

Ces travaux sont d'autant plus urgents qu'ils auront pour effet d'assurer à la basse Sèvre les moyens d'évacuation qui lui manquent, et qu'on n'a jamais songé à lui donner, alors qu'on poursuivait le dessèchement de la partie supérieure. Il était cependant évident que le défaut d'écoulement dans la Sèvre inférieure, augmenterait le mal en aval, et paralyserait le résultat des travaux exécutés en amont.

La demande d'intervention de l'État, que nous

avons l'honneur de vous soumettre, Monsieur le Ministre, se recommande d'autant plus à votre bienveillance, que la population au nom de laquelle nous venons vous solliciter, n'a pas d'autre moyen d'existence que le produit de ses cultures printanières. »

Cette pétition, du 5 août 1859, était signée de tous les membres des trois syndicats, présents à la réunion de Marans. D'un autre côté, mise en demeure par les rapports des préfets et des ingénieurs, l'administration ne pouvait rester insensible à des sollicitations qui témoignaient des angoisses si profondes des populations intéressées. M. Sallebert, ingénieur en chef de la Sèvre, qui avait remplacé M. Maire, fut consulté, comme l'avait été son prédécesseur pour l'inondation de 1852, sur les causes et les effets de celle de 1859, et sur les moyens d'en prévenir le retour.

Nous avons entre les mains le remarquable travail dans lequel il expose ses idées. A ses yeux, la grande facilité avec laquelle ces désastres se renouvellent, tient d'une part à la faible élévation des terres riveraines, qui est à peine de 50 centimètres au-dessus des basses eaux; d'autre part à l'encombrement, soit du lit de la rivière, soit des canaux et fossés ouverts au milieu des marais et dont l'entretien est fort négligé. M. Sallebert examine l'ensemble des travaux proposés par les syndicats, et il pense que l'exécution de ces travaux ne suffirait pas à atteindre complètement le but, à cause de la situation dominante et invariable des barrages et seuils de Marans. Il pense que c'est à Marans qu'est le principal obstacle de l'écoulement des eaux dans la basse Sèvre. Il existe en effet sur ce point, un haut-fond très-prononcé, s'étendant à une grande distance, tant en amont qu'en aval du barrage, et formant une vallée d'environ 2 mètres au-dessus du fond libre de la rivière, qui relève le plan des crues de 55 centimètres au moins. M. l'ingénieur en chef signale encore comme obstacle à l'écoulement des eaux vers la mer, le rétrécissement du lit de la Sèvre à l'aval de la rivière du Moulin des Marais, sur une étendue de 2 à 3 kilomètres. L'élargissement de cette partie et la suppression du barrage de Marans paraissent donc à M. Sallebert des mesures indispensables, si l'on veut rétablir le régime de la basse Sèvre, et donner un écoulement suffisant aux grandes eaux. Il demande sous ce titre : Suppression du barrage de Marans, abaissement du radier du pont, rétablissement du lit de la Sèvre à l'aval de la rivière du Moulin des Marais, régularisation du débit de la Sèvre en amont de Marans, sur une longueur de 20 kilomètres, une somme de 580,000 fr.

Ainsi, entre les deux ingénieurs, consultés à 7 ans d'intervalle, à l'occasion de deux inondations désastreuses, accord presque parfait. L'un et l'autre déclarent que le mal est profond, sérieux, mais n'est pas irrémédiable. L'un et l'autre indiquent, au contraire, des moyens qui leur paraissent infaillibles. C'est dans le bas de la Sèvre par des élargissements et des approfondissements qu'il convient d'augmenter et de régulariser le débit de la Sèvre. C'est le seuil de Marans qu'il faut abaisser, c'est la rivière du Moulin des

Marais qu'il faut élargir. M. Maire veut, de plus, créer un vaste canal maritime à partir de Marans, sur la rive gauche de la Sèvre, jusqu'à l'embouchure du canal de la Banche. M. Sallebert ne croit pas ce canal nécessaire. Il croit qu'il suffit d'abaisser ce monstrueux seuil de Marans, auquel il attribue un relèvement du plan des eaux de 55 centimètres au moins, pendant les crues. Sans vouloir nous prononcer entre deux ingénieurs aussi remarquables, il nous paraît incontestable que le projet de M. Sallebert doit donner d'excellents résultats, au point de vue de l'écoulement des eaux de la basse Sèvre, et que la création du canal maritime demandé par M. Maire, est une ressource extrême à laquelle il y aurait lieu de recourir, si le succès du projet de M. Sallebert était incomplet. Il est évident, en effet, pour tout le monde, qu'aucune inondation ne saurait résister à de pareils moyens d'évacuation.

A droite, la rivière du Moulin des Marais, élargie et approfondie, dans les parties où cela est reconnu nécessaire; à gauche, le canal maritime, proposé par M. Maire; et au milieu, le lit de la Sèvre, mis en communication plus intime avec la partie supérieure, par l'abaissement du seuil du pont de Marans et les travaux reconnus nécessaires par les deux ingénieurs, entre Bazouin et Marans.

Nous n'hésitons pas à l'affirmer, le jour où la Sèvre sera pourvue de pareils moyens d'évacuation, la situation des marais mouillés sera meilleure que celle des marais desséchés; car, protégés comme ceux-ci, contre les inondations d'été, ils auront l'avantage de l'imbibition pendant les crues d'hiver.

Il est inutile d'ajouter que des écluses, placées à l'entrée de la rivière du Moulin des Marais et du canal maritime, suspendraient l'action de ces évacuateurs aux époques où ils seraient inutiles.

Quoique l'élévation du seuil du port de Marans n'ait pas, aux yeux de M. Maire, la même importance qu'à ceux de M. Sallebert, l'existence de ce seuil est parfaitement reconnue par cet ingénieur, qui constate que sur une longueur de 3 kilomètres, en amont de Marans, les cotes hydrauliques restent les mêmes au moment de l'inondation des marais.

Nous croyons inutile de remonter plus haut et de montrer tous les ingénieurs qui ont précédé MM. Maire et Sallebert, venant à tour de rôle proclamer l'insuffisance des moyens d'évacuation de la basse Sèvre et indiquant comme remèdes des moyens sinon identiques, inspirés du moins par le même sentiment. Mais nous ne pouvons résister au désir de signaler un rapport dont la date ne laisse pas d'être curieuse. Il est du 20 fructidor an XII, et il émane de M. Demetz, premier ingénieur en chef institué dans notre département à la création du service des ponts et chaussées.

Le directeur général de cette administration avait demandé à M. Demetz un rapport sur la Sèvre. Cet ingénieur, à la date du 6 prairial an XII, répondit à cette demande par l'envoi d'un projet général d'amélioration depuis le port de Niort jusqu'à la mer, dont la dépense devait s'élever, d'après des évaluations détaillées, à 224,800 fr. Mais ce chiffre parut sans doute effrayant au ministère, et l'ingénieur en chef fut invité à condenser son projet et à le ramener à des proportions plus modestes, en n'y faisant entrer que les améliorations les plus urgentes. C'est alors qu'à la date du 20 fructidor an XII, M. l'ingénieur en chef Demetz adressa au directeur général un nouveau projet, réduit à 32,370 fr. Dans ce chiffre se trouve comprise une somme de 15,360 fr., presque la moitié de la totalité du projet, destinée au rétablissement de la rivière du Moulin des Marais, et dans la colonne des observations se trouve cette note curieuse : « On a commis une grande faute, en abandonnant la rivière dite des Marais, qui est reconnue pour être l'ancienne Sèvre. Il est évident que la traversée de Marans n'est pas assez large, assez bien dirigée pour suffire à l'écoulement des eaux lors des crues. Il en résulte alors des refoulements, des inondations, et par suite de grands dangers pour les levées et ceintures des marais desséchés qui bordent la Sèvre et qu'il faut protéger par tous les moyens possibles. » A l'appui de cet exposé, le projet contient un dessin dans lequel la rivière du Moulin des Marais se trouve portée de 9 mètres, largeur à laquelle l'envasement l'avait réduite, à 24 mètres.

Ainsi, le premier rapport qui ait été fait, par le premier des ingénieurs, sur l'état de la Sèvre, constate ce que tous les ingénieurs qui se sont succédé sont venus tour à tour constater, l'insuffisance des débouchés de la basse Sèvre à Marans. M. Demetz ne se préoccupe pas des marais mouillés, et c'est facile à comprendre, le marais mouillé, à cette époque, n'existait pas, ou plutôt il n'existait que trop, mais on ne comptait pas avec lui. Il était dans cette situation que nous avons décrite; couvert d'eau pendant huit à dix mois de l'année, aucun essai de culture n'avait pu encore y être tenté, et les parcelles entourées de digues, connues sous le nom de marais desséchés, présentaient seules quelque intérêt agricole. Mais il résulte de ce document de l'an XII, que, dès que l'administration des ponts-et-chaussées a été constituée, la première voix qui s'est faite entendre a signalé l'insuffisance des moyens d'évacuation de la Sèvre-Inférieure.

Qui veut la fin veut les moyens.

V.

Comment s'étonner de la lenteur du progrès dans les questions où la science marche au milieu des incertitudes et des tâtonnements, quand on voit s'éterniser ainsi celles sur lesquelles tout le monde semble d'accord.

Un demi-siècle s'est écoulé, et après des efforts et des travaux qui semblaient héroïques, et qui n'étaient en définitive que des demi-mesures, trois inondations effroyables viennent fondre sur les marais de la Sèvre et dévorer chaque fois pour plusieurs millions de récoltes. Le gouvernement s'émeut et consulte les ingénieurs spéciaux, que depuis longues années il a préposé au service de la Sèvre, sur le point de savoir comment il se fait qu'après tant de travaux exécutés par l'État et les sociétés syndicales, on puisse encore être accablé par de pareils désastres. Nous avons fait connaître les réponses des deux ingénieurs qui se trouvaient à la tête du service de la Sèvre au moment de la première et de la dernière inondation. Tous les deux ont déclaré sans hésitation qu'il fallait finir par où on aurait dû commencer, par donner à la Sèvre, dans son cours inférieur, les moyens d'écouler, vers la mer, les eaux qu'elle recevait de la partie supérieure. Malgré cette unanimité de vues entre les deux ingénieurs, tous leurs prédécesseurs, et les populations représentées par leurs syndicats, trois années se sont encore écoulées sans que le régime de la Sèvre et de ses marais ait été modifié, et s'il n'y a pas eu de nouvelles inondations d'été, cela tient à ce que les circonstances météorologiques qui les occasionnent ne se sont pas produites. Mais les cultivateurs continuent à confier à la terre des semences destinées à produire des récoltes qu'ils tremblent toujours de ne pas recueillir. Il est vrai que quelques mois après son rapport, M. Sallebert a été envoyé dans un autre département. C'est là, il faut bien le reconnaître, en matière de travaux publics, la cause principale de la lenteur avec laquelle s'obtiennent les améliorations. Depuis le départ de M. Mesnager, l'ingénieur en chef qui a été le promoteur de l'ordonnance du 24 août 1833, et qui a séjourné très-longtemps dans notre département, où il a laissé de brillants souvenirs, onze ingénieurs ont été successivement chargés du service de la Sèvre, quelques-uns le confondant avec celui du département, mais la plupart à titre d'ingénieurs spéciaux. Onze ingénieurs dans une période de 24 ans, cela représente un séjour moyen d'un peu plus de deux ans, c'est-à-dire à peu près le temps nécessaire pour étudier les matériaux et documents laissés par les ingénieurs précédents, et se bien pénétrer de la question et des détails du service. Quelle unité complète de vues espérer dans un projet qui change de mains à chaque instant, et quel intérêt sérieux peut inspirer à un ingénieur un service dont le dépôt si court dans ses mains ne peut être considéré par lui que comme une étape dans le parcours de sa carrière? Nous ne comprenons pas l'immobilité, et nous admettons parfaitement que le temps, l'expérience, les services rendus, doivent créer aux fonctionnaires de tous ordres, des titres qui se traduisent par une marche ascendante vers les hauteurs hiérarchiques de leurs spécialités. Mais ne serait-il pas préférable, quand il s'agit de grands intérêts publics, auxquels il est urgent de donner une prompte satisfaction, de voir les hommes auxquels en est confiée la direction, parcourir sur place les divers degrés de leur carrière, jusqu'à l'achèvement de la tâche à laquelle ils avaient été appelés par leurs aptitudes spéciales? Ne serait-ce pas plus rationnel que de voir la solution de ces questions tenue en suspens pendant de si longues années, parce que les ingénieurs auxquels elles ont été successivement confiées n'ont pu les résoudre, ayant à peine eu le temps de les étudier?

Quoi qu'il en soit, le service de la Sèvre est aujourd'hui dans des mains nouvelles. Nous ne nous en plaignons pas, et nous faisons des vœux pour qu'il soit donné au nouvel ingénieur en chef, M. Deglaude, d'achever l'œuvre si lente et si laborieuse ébauchée par tant de prédécesseurs. Par l'excellente direction imprimée à son service, grâce aussi, qu'il nous permette de le dire, à l'influence de ses qualités personnelles, M. Deglaude a déjà conquis les sympathies générales. Malheureusement **M.** l'ingénieur en chef ne croit pas à la possibilité d'arriver à maîtriser, d'une manière absolue, l'expansion désordonnée de la Sèvre au moment des crues, ou plutôt il croit que le résultat à obtenir n'équivaudrait pas à la dépense qu'il faudrait faire pour arriver à ce résultat. A quelque chiffre que s'élève la dépense à faire dans les évaluations de M. l'ingénieur en chef, nous ne pouvons admettre son appréciation des résultats à obtenir. Chaque inondation qui survient au mois de juin coûte au marais de la Sèvre plus de 2 millions. Il y en a eu trois de 1852 à 1859; nous ne nous occupons pas des précédentes. Si on veut admettre qu'il peut en survenir trois autres dans la période de 1860 à 1870, il est facile d'évaluer le nombre de millions qu'aurait dévoré l'inondation dans cette éventualité, dans un espace de vingt ans. Voilà pour l'appréciation matérielle. Quant à l'appréciation scientifique ou seulement pratique, si l'on veut, qui tendrait à établir s'il est possible de maîtriser complètement la Sèvre dans ses plus violents écarts, nous avons dit à l'aide de quels travaux MM. les ingénieurs Maire et Sallebert avaient la certitude de prévenir les inondations. M. Maire dit dans son rapport déjà cité, à propos du canal de Marans à l'embouchure du canal de la Banche qu'il proposait, et qu'il appelle le canal maritime parce qu'il était fait sur l'emplacement même d'un canal maritime dont l'exécution avait été abandonnée. « Ce canal, terminé à son embouchure par des portes busquées vers l'aval, et par des vannes pareilles à celles des contrebords, évacuerait des volumes d'eau excessivement considérables et tellement considérables que *j'ai la conviction* que les crues en amont de Marans disparaîtraient totalement et ne pourraient plus se reproduire que quand on voudra bien les produire, en hiver par exemple. Mais ce canal ne servirait que dans des moments de détresse, et par conséquent très-rarement; car, je le répète encore, il ne faut absolument enlever à la Sèvre navigable que le volume d'eau qu'elle ne peut évacuer elle-même et encore quand le surplus devient nuisible. »

Ainsi voilà qui est parfaitement clair. Ce canal n'est destiné qu'à recevoir le trop plein de la Sèvre. Dans la pensée de M. l'ingénieur en chef Maire, il suffira pleinement à cette destination, et désormais aucune inondation ne sera possible en amont de Marans, à moins qu'il n'y ait intérêt à fermer les portes du canal pour produire une inondation d'hiver.

M. Sallebert va plus loin. Il renonce au canal proposé par M. Maire. Il atteindra le même but par l'abaissement du seuil du port de Marans, par des élargissements et des approfondissements du lit dans la traversée de cette ville, et par des travaux de même nature qu'il exécutera dans la rivière du Moulin des Marais. L'un et l'autre faisant concorder d'ailleurs ces travaux avec l'augmentation et la régularisation du débit du fleuve entre Bazouin et Marans.

En présence de convictions si arrêtées, de promesses si formelles, il est bien regrettable de trouver, dans un rapport de M. Deglaude, cette déclaration décevante : « En définitive, moyennant les travaux d'élargissement, arrêtés par la décision ministérielle du 28 février dernier, et moyennant les précautions qui viennent d'être indiquées, l'on atténuera singulièrement les pertes accidentelles des récoltes, causées par les débordements. Quant à les conjurer absolument, c'est là une idée chimérique qu'il n'est pas besoin de discuter. » Or, la décision ministérielle du 28 février 1862 approuve un projet divisé en trois parties :

228,000 fr. pour élargissement des parties étroites du lit de la Sèvre entre Niort et Bazouin.

250,000 pour élargissements et approfondissements à exécuter entre Bazouin et Marans.

556,500 pour travaux d'une autre catégorie, comprenant des constructions d'écluses, de barrages, de maisons éclusières, etc.

———————

1,034,500 fr.

Ce terrible seuil de Marans, considéré par M. Sallebert comme occasionnant un exhaussement des crues d'environ 55 centimètres, ne figure dans cette somme que pour un chiffre très accessoire, et dans l'ensemble du projet, le canal de dégagement de M. Maire n'est pas même discuté.

Se plaçant à ce point de vue regrettable, que le dessèchement complet des marais de la Sèvre est une chimère, M. l'ingénieur en chef Deglaude n'a pu traiter la question d'une façon aussi radicale que ses prédécesseurs. Frappé comme eux de l'insuffisance du lit de la Sèvre, entre Bazouin et Marans, et persuadé que la meilleure condition de l'écoulement rapide de l'eau dans un fleuve, c'est l'uniformité de sa largeur, il veut donner à la Sèvre un débit uniforme de 27 mètres cubes en aval de Bazouin, en élargissant et approfondissant certains points, et en faisant disparaître dans ce parcours les attérissements et les hauts-fonds du lit.

Une somme de 250,000 fr., dont 1/3 à fournir par les syndicats, lui paraît suffisante pour l'exécution de ce travail. C'est là que se borne, quant à présent, pour M. l'Ingénieur en chef, le seul remède applicable à la situation si précaire de la Sèvre-Inférieure. Quant à la partie supérieure, M. l'Ingénieur en chef divise, entre les 6 biefs qui la composent, une somme de 228,000 fr,, qui doit achever son œuvre par l'enlèvement des attérissements des haut-fonds et des étranglements si nombreux dans cette partie de la Sèvre, et qu'on peut considérer comme la cause première des débordements. En effet, quand la crue descend, en arrivant au bief du marais Pin, elle rencontre un passage insuffisant et se jette immédiatement sur les marais. Il est donc essentiel d'assurer avant tout la facilité de l'écoulement dans la Sèvre inférieure, parce que le débit naturel du fleuve s'y trouve augmenté de celui de tous les affluents; mais il n'est pas moins important de mettre en communication, par un débit régulier, l'amont et l'aval de la Sèvre; car rien ne peut empêcher le débordement de s'étendre à tout le Marais, quand il a commencé par la partie supérieure.

Au moment où nous écrivons ces réflexions élémentaires, mais qu'il ne nous a pas paru inutile de consigner ici, la seconde partie du projet de M. l'ingénieur en chef Deglaude s'exécute. 3 ou 400 ouvriers, répandus entre Bazouin et Marans, pratiquent les élargissements et les approfondissements déterminés au projet, notamment dans le canal de Pommère, au canal des Sablons et au Fossé du Loup.

Que M. l'ingénieur en chef Deglaude veuille bien recevoir ici le témoignage de notre reconnaissance! Il a compris l'importance du service qui lui était confié; il s'est rapidement initié à tous ses détails. Il s'est donné la mission, qu'il a remplie avec une ardeur passionnée qui l'honore, de faire un projet, d'en obtenir l'approbation, et de le faire exécuter lui-même. Il a complètement réussi. Son projet, présenté le 30 septembre 1861, a reçu l'approbation ministérielle le 28 février 1862; il s'exécute. 166,667 fr. ont été mis à sa disposition par l'État, 83,333 fr. par les syndicats. A moins de circonstances imprévues, avant la fin de l'été, cette partie du projet, qui concerne le parcours de Bazouin à Marans, sera achevée. Tout serait donc pour le mieux, si le projet de M. l'ingénieur en chef Deglaude devait être la solution définitive de la question importante du dessèchement; mais comment l'espérer, quand M. l'ingénieur en chef déclare lui-même que l'idéal que nous poursuivons n'est qu'une chimère. Il ne s'agit donc encore, comme pour l'ordonnance du 24 août 1833, que d'une nouvelle étape vers le but que nous voulons atteindre.

Le projet de M. l'ingénieur en chef n'a d'ailleurs d'autre tort à nos yeux que de ne pas être suffisamment radical. Il n'est pas en contradiction avec ceux de ses prédécesseurs. M. Deglaude se borne à repousser comme inutiles des travaux que ceux-ci considéraient comme le complément du projet auquel il s'arrête. Peut-être cela tient-il à ce que M. l'ingénieur en chef actuel n'a pas subi l'influence de la vue des désastres dont MM. Maire et Sallebert ont été témoins, peut-être cela tient-il à d'autres causes. Qu'il nous soit permis de faire, à cet égard, une supposition qui ne manque pas de vraisemblance. M. Maire avait dû abandonner son service par raison de santé, avant d'avoir terminé son projet, qu'il annonçait devoir s'élever à 3 ou 4 millions. M. Sallebert, son successeur, avait été invité à resserrer le cadre que s'était tracé son prédécesseur, et avait dressé un projet qu'il avait réduit à 2,400,000 fr. Ses idées ont-elles paru trop larges ou son chiffre trop élevé, et M. l'ingénieur en chef Deglaude, en prenant le service des mains de M. Sallebert, envoyé dans les Hautes-Pyrénées, a-t-il compris qu'il ne réussirait qu'à la condition de se mettre d'accord avec la pensée ministérielle? Nous l'ignorons. Toujours est-il que le projet primitif de M. Maire, écourté par son successeur, a subi une seconde fois la même opération, et l'évaluation de 2,400,000 fr. de M. Sallebert, revue, corrigée..... et diminuée, s'est trouvée réduite, par les soins de M. Deglaude, à 1,034,500 fr. Nous ne l'en blâmons pas, s'il ne pouvait réussir qu'à ce prix; mais en vérité, en remontant en arrière, au projet du 6 prairial an XII, de M. l'ingénieur en chef Demetz, dont nous avons parlé dans un précédent chapitre, s'élevant à 224,800 fr., repoussé par le ministère pour cause d'exagération, remanié par M. l'ingénieur en chef et ramené par lui, dans un nouveau projet, au chiffre dérisoire de 32,370 fr., nous ne pouvons nous empêcher de faire ce triste rapprochement, qu'à 60 ans de distance, sous le second Empire comme sous la première des Républiques, il était dans les destinées de la Sèvre de rencontrer, de la part de l'administration, la même tiédeur pour ses intérêts et le même esprit de parcimonie.

Si nous avions à notre disposition les documents nécessaires, nous pourrions établir que la Sèvre a peut-être le droit de s'étonner de se voir traitée par le budget de l'Etat avec tant de rigueur, car loin d'avoir été pour lui l'occasion d'une charge, elle ne lui a demandé qu'une part insignifiante du revenu qu'elle a produit.

Des droits de rivière ont été en effet établis sur la Sèvre, par arrêté du 27 vendémiaire an XII, et pour 12 années seulement. Ces droits, créés à l'occasion du projet de M. l'ingénieur Demetz, avaient pour but de constituer les ressources nécessaires à son exécution. A l'expiration des 12 années, ils ont continué à se percevoir, et ils se percevaient encore en 1858, sans qu'aucun acte de législation fut venu sanctionner cette perception indéfinie. A cette époque, le Gouvernement, frappé de l'irrégularité de la perception, de l'élévation scandaleuse de ces droits , et cédant aux nombreuses réclamations, dont ils avaient été l'objet , s'est décidé à les supprimer.

De tous les fleuves de France, la Sèvre était , sous ce rapport , le plus maltraité. Quelques-uns , placés dans des conditions analogues , ne payaient aucun droit. Ainsi l'Adour, le Dossen ou rivière de Morlaix, l'Odet ou rivière de Quimper, la rivière de Vannes et beaucoup d'autres, étaient complétement affranchis. Parmi ceux qui étaient frappés de droit , la Sèvre se faisait remarquer par une surtaxe hors de toute proportion. On en jugera par le tableau suivant;

La Charente payait	0,15 par tonneau plein,		0,05 par tonneau vide.	
La Seudre	0,10	id.	0,02 1/2	id.
Le Rhône	0,09	id.	1/3	id.
La Loire	0,07	id.	» »	id.
La Vilaine	0,07	id.	» »	id.
La Seine	0,05	id.	» »	id.
La Sèvre	1,00	id.	0,50	id.

Aussi trouve-t-on dans l'ouvrage remarquable de Granger, qui nous a fourni ce tableau , ces sages réflexions : « De tous les tarifs qui atteignent la navigation maritime des fleuves, celui qui frappe la Sèvre est le plus élevé , et ne revient pas à moins de 52 fr. par tonne de chargement possible et par myriamètre. Rien aujourd'hui ne paraît plus devoir justifier le maintien d'une taxe qui dépasse neuf ou dix fois celles de la Charente et de la Seudre, qui, elles-mêmes, sont fort élevées comparativement aux autres. »

Nous croyons ne pas devoir être taxé d'exagération

en évaluant à plus de 3,000,000 de fr. le produit
des droits de rivière de la Sèvre, pendant la durée
de la perception de ces droits, c'est à-dire pendant
plus de 55 ans. Si on rapproche ces chiffres des
quelques centaines de mille francs de travaux utiles
exécutés par l'Etat pendant la même période de temps,
on ne peut s'empêcher de reconnaître que la Sèvre
n'a pas abusé des faveurs du budget, car évidemment
elle n'a pas reçu, en travaux d'amélioration, l'équi-
valent des produits qu'elle a donnés.

Agriculture des Marais.

VI.

Dans la situation faite aux marais de la Sèvre par les travaux de desséchement exécutés jusqu'à ce jour, les cultures d'hiver sont impossibles, et, il faut bien le dire, elles le seront encore très-longtemps. Alors même que par une combinaison plus large et plus radicale des moyens, on parviendrait à atteindre complétement le but, c'est-à-dire à réglementer le régime de la Sèvre, à ce point qu'en temps d'inondation d'été, on pût en préserver complétement la superficie des marais, qu'en temps de sécheresse, on eût la faculté de maintenir le niveau de l'eau à la hauteur que nous indiquerons plus loin, on ne pourrait encore confier à la terre les semences d'automne, car les inondations d'hiver sont pour le Marais un besoin tellement absolu, qu'il y a presque autant d'intérêt à les provoquer qu'à éviter celles d'été. L'expérience a en effet démontré que dans les années où les hivers ont été exempts d'inondations, ou pendant lesquelles l'eau n'a pas séjourné assez longtemps sur le sol, il ne faut compter que sur une récolte médiocre, car non-seulement le marais se trouve privé des matières vaseuses et limoneuses charriées par la Sèvre, et dont le dépôt n'est pas sans influence

sur la récolte à venir; mais il en résulte un inconvénient bien plus grave. Dans les années où les inondations ont fait défaut pendant l'hiver, le printemps
voit sortir du sol une foule d'animaux et d'insectes
dont les larves détruites chaque année par l'inondation, dotent le Marais, quand elle a été insuffisante,
d'une innombrable quantité d'ennemis de toutes for-
mes, armés d'instruments terribles : les uns, ailés,
féroces coléoptères, s'attaquant aux pousses de la
végétation qui naît; les autres rampant sous le sol,
vers de toutes couleurs, s'attaquant aux racines;
d'autres enfin, et ce sont les plus redoutables, car ils
ne se bornent pas à faire subir aux récoltes les
conséquences de leur insatiable voracité, ils semblent
en outre obéir à un instinct de destruction passionnel.
Nous voulons parler des souris et des rats qui, moins
heureux que la taupe, et c'est justice, n'ont jamais
trouvé d'avocats. Ces animaux sont pour le Marais,
dans certaines années, une véritable calamité; qu'on
ne croie pas que ce soit de l'exagération, car l'été
dernier, ces terribles rongeurs, qui pullulent avec une
rapidité effrayante, ont été si nombreux, que dans
certaines contrées, on leur attribue la diminution
d'un quart de la récolte.

Dans la Plaine, on se plaint quelquefois des dégâts
occasionnés par les mulots, et il y a à cet égard une
certaine corrélation entre la Plaine et le Marais. C'est
dans les mêmes années que le fait se produit de part et
d'autre, dans les années où l'hiver a été sec et peu ri-
goureux, mais il y a cette différence entre la Plaine et le

Marais qu'ici c'est un simple inconvénient, tandis que là c'est un fléau. Il n'est pas de ruses auxquelles n'ait recours le cultivatenr des marais, pour se débarrasser de ces ennemis acharnés (1), mais quoi qu'il fasse, il ne peut se soustraire aux conséquences de cette calamité.

On frémit en songeant à ce qui arriverait, si pendant deux hivers consécutifs l'inondation était insuffisante; il est évident que la seconde année, toute culture serait impossible.

On est donc fondé à dire que les inondations d'hiver seront d'une nécessité absolue, jusqu'à ce que, par l'effet du temps et des labours, la terre se soit complétement transformée, et ait acquis la densité de celle de la Plaine. Tout serait donc pour le mieux, si les inondations pouvaient être réglées, et se produire périodiquement chaque année, pendant les mois de décembre et janvier, afin de laisser s'égoutter le sol en février, permettre les labours en mars, et les semences en avril.

(1) « Le moyen le plus généralement usité est le suivant : On entoure la pièce de terre qu'on veut protéger, d'un petit fossé de ceinture de 20 centimètres de profondeur, dans lequel, de distance en distance, on creuse des trous évasés par le bas. Les souris et les mulots rencontrent ces fossés, les suivent horizontalement et tombent dans les trous, dont ils ne peuvent sortir, en raison de l'évasement. On en prend ainsi des quantités considérables. Mais ce procédé est impuissant contre les rats, qui, plus calmes et plus prudents, éventent le piège et n'y tombent jamais. Les cultivateurs en sont réduits à les chasser le soir à coups de fusils, et à passer les nuits à les épouvanter par toutes sortes de bruits discordants, qui causeraient d'inexplicables impressions à l'étranger qui traverserait les routes des marais, la nuit, dans le mois qui précède les récoltes. »

La première culture qui ait été tentée dans le marais mouillé, quand la culture y est devenue possible, c'est-à-dire il y a une vingtaine d'années, est celle du haricot. Ce légume, qui exige une terre sans acidité, bien aérée et parfaitement ameublie, a trouvé dans le sol du Marais d'excellentes conditions de prospérité, et il l'a prouvé par son rendement, qui est en moyenne de 750 kilos pour 30 ares. Le journal de 30 ares est généralement adopté, dans le Marais, comme base, soit pour la vente, soit pour la location. Le prix moyen étant de 26 à 27 fr. les 100 kilog., le produit brut des 30 ares est d'environ 200 fr.; les frais sont les suivants : location, 30 fr.; fumure, 40 fr.; les labours, la récolte et le battage se font en famille; chacun fait sa besogne personnelle; la main-d'œuvre se confond vaguement dans les frais généraux; elle ne s'apprécie pas : on peut évaluer toutefois le labourage d'un journal, fait par un manœuvre à 40 ou 50 fr. Ce prix exorbitant du labour tient à ce que la charrue est encore d'un usage peu répandu; le labour se fait à la ferrée, cette pelle de fer qu'on connaît, droite, étroite et fort évidée par le milieu.

Les 15,000 hectares de marais mouillés qu'arrose le bassin de la Sèvre, sont loin d'être cultivés exclusivement en haricots, mais si on suppose un instant qu'ils pourraient l'être, à raison de 750 kilog. par 30 ares, ils produiraient plus de 37 millions de kilog., la consommation de la France entière. Ces chiffres démontrent l'importance de la question.

La culture du ray-grass, adoptée peu après celle du

haricot, est devenue pour le Marais une source fé-
conde de prospérité. Cette plante donne chaque année
deux à trois coupes de graines, et la graine de ray-
grass, très-recherchée pour l'exportation anglaise, vaut,
selon les circonstances, de 35 à 60 fr. les 100 kilog.
Cette plante exige toutefois une fumure abondante,
et elle s'alterne tous les deux ans, car on la considère
comme soumettant le sol à une plus grande fatigue
que les autres végétaux.

Quelques années après, vers 1850, on essaya la
culture du froment et de l'orge de mars, du lin, du
chanvre et de diverses plantes fourragères ou textiles
dont le succès dépassa toutes les espérances; on peut
évaluer le rendement moyen de la manière suivante :
à 48 hectolitres par hectare pour les avoines tardives,
25 hectolitres pour les froments, et 35 hectolitres
pour les orges de mars; on peut juger des autres
produits par ces quelques chiffres. Les racines fourragères d'excellente qualité, acquièrent dans le marais un développement en volume, inconnu dans la
plaine; grâce à leur culture progressive et à l'abondance des herbages, l'élève du bétail prend chaque
jour des proportions nouvelles, et il faut bien le reconnaître, cette industrie est un des côtés les plus
brillants de l'avenir du Marais. Quand le progrès du
desséchement aura soumis la Sèvre à cette subordi-
nation que nous indiquions au commencement de
ce chapitre, quand les époques de crues combinées et
réglementées à heure fixe, sauf des cas complétement
exceptionnels, permettront aux cultivateurs de se

livrer à l'appréciation de probabilités sérieuses sur les époques de pacage et de séjour à l'écurie des animaux, rien ne s'opposera à ce que la mule et le cheval ne deviennent une des principales ressources de nos marais.

Il y a quarante ans, les marais ne produisaient que des roseaux et des rouches; aujourd'hui ils n'en produisent presque plus; chaque pas fait en avant par le desséchement fait reculer ces deux produits de l'ancien marais, dont il ne faut pas d'ailleurs méconnaître l'importance, car la roselière, sans aucune espèce de culture, donnait un produit de 100 à 150 fr. l'hectare; l'emploi principal du roseau était de servir de combustible pour chauffer le four; il servait aussi à couvrir les maisons d'habitation et d'exploitation. Mais, le roseau devenant plus rare et le bois plus abondant, il n'y a plus d'intérêt à s'en servir comme combustible. Quant aux toitures, la tuile a également pris la place du roseau; de nombreuses tuileries se sont établies dans le marais, et elles y prospèrent généralement; la matière première étant aussi abondante que l'extraction facile, et le prix de revient peu élevé. C'est ce même bry dont nous avons déjà plusieurs fois parlé qui, mêlé au sol superficiel, est pour lui un puissant amendement, et que sa nature argileuse rend propre à faire d'excellentes tuiles et des briques très-estimées. Il n'y a donc pas lieu de regretter beaucoup le roseau. Il a subi l'inévitable loi du progrès : les fours sont mieux chauffés, les habitations mieux couvertes, et à la place du cloaque vaseux, où végétait le roseau, l'œil est aujourd'hui charmé par de splendides cultures, ou par des prairies dont l'herbe sera dans quelques années, de même qualité que celle de la plaine, en continuant à être plus abondante.

La culture de l'osier est une de celles dont le cultivateur du Marais tire le plus de profits; mais déjà les progrès du desséchement ont déplacé ce produit; certaines communes ont dû y renoncer, cette plante n'y rencontrant plus les conditions d'humidité nécessaires. Cette culture exige de grands soins et une aptitude spéciale; c'est une des plantes qui a le plus d'ennemis à redouter, sans compter les influences de la température, auxquelles elle est très-accessible; mais dans les années où la récolte réussit complétement, il n'est pas sans exemple qu'un hectare ait rapporté plus de 1,500 fr.; un des avantages de ce produit qui se recueille en décembre, c'est d'occuper pendant l'hiver la population, à sa division et à son empaquetage.

La principale ressource du Marais, c'est la plantation du peuplier de Virginie, qui se développe avec une rapidité si remarquable, qu'elle permet au propriétaire de planter pour lui-même, et de survivre souvent à deux générations d'arbres plantés par ses mains. Ce qui invite à planter, c'est surtout le produit qui en résulte, mais c'est aussi la facilité de la plantation, il n'est nul besoin de se préoccuper de l'âge du plant, de l'état du chevelu des racines, ni de trous à pratiquer dans le sol; une simple branche, choisie de préférence vers les parties élevées de l'arbre qu'on abat, piquées dans le sol au hasard, ici ou là, est le meilleur des plants; et nous avons vu des arbres magnifiques qui provenaient de branches placées au milieu des haricots pour les *ramer*. Il est toutefois une précaution que nous conseillerons, c'est de planter profondément, à 60 centimètres au moins; les racines se forment immédiatement au-dessous de la superficie du sol, et se développent horizontalement, mais la partie du plant qui pénètre dans le sol s'y fixe comme un pivot au-dessous des racines et met le jeune arbre à l'abri des coups de vents si fréquents dans le marais, qui le déracineraient facilement sans cette précaution. Dans quelques contrées, on a soin de pratiquer autour du jeune plant un trou de 30 centimètres de diamètres et 20 centimètres de profondeur, pour forcer les racines à s'étendre à 20 centimètres au-dessous du sol; le trou se bouche de lui-même assez rapidement, et les racines se trouvent parfaitement enfouies dans le sol, qui va toujours s'affaissant, au lieu de se montrer à nu comme cela arrive assez souvent. Dans certaines communes où le sol est très-favorable à l'arboriculture, on soigne les arbres d'une façon particulière, on laboure le pied et on le fume tous les deux ans; on obtient alors des prodiges de développement. Bien qu'on plante indifféremment partout, on plante cependant plus volontiers sur le bord des fossés, pour faire profiter le jeune arbre des recurages, qui doivent se faire au moins tous les sept ou huit ans. On plante encore avantageusement dans les terrées; on appelle ainsi

des bandes de terre bordées de fossés et complètement plantées de la manière suivante : la terrée
ayant 6, 8, ou 10 mètres de largeur, on pratique de
2 mètres en 2 mètres un rang de plantations transver-
sales composé de frênes, d'aulnes et d'aubiers, et au
milieu de la terrée, de 4 mètres en 4 mètres, on plante
des peupliers de Virginie.

Nous ne pouvons terminer cet aperçu si rapide et
si incomplet de la culture des marais, sans parler
d'une intelligente initiative due au président du syndicat de la Vendée, et dont les marais en général sont
en droit d'attendre les meilleurs résultats. L'hono-
rable M. Laval a obtenu de madame la princesse de
Craon, propriétaire d'une vaste étendue de marais
dans le bassin de la Sèvre, la jouissance de 5 hectares, situés près du village du Mazeau, dont il a fait
ce qu'il appelle un jardin d'expérimentation. Toutes
les espèces de légumes, toutes les racines fourragères,
tous les plants d'arboriculture y ont été essayés et
soumis aux méthodes de culture les plus intel-
ligentes ; des produits phénoménaux par leur volume
et leur qualité en sont résultés. Quelques spécimens
exposés à Fontenay, lors de l'exposition horticole, y
ont obtenu un immense succès et une grande mé-
daille d'argent hors concours. Comme il n'est entré
dans l'esprit des fondateurs de cette utile institution,
aucune pensée de spéculation, et qu'ils n'ont eu pour
but que l'intérêt général des marais, des semences
des produits nouveaux que le succès a couronnés,
sont mises gratuitement à la disposition de tous les

cultivateurs de marais des trois départements, qui en réclament, avec les indications nécessaires, sur les moyens d'obtenir les mêmes résultats.

Vingt-sept espèces de haricots ont été essayées, toutes ont parfaitement réussi; mais parmi celles qui, plus savoureuses que les espèces ordinaires, ont donné, sous le rapport du rendement, des résultats non moins satisfaisants, celles qui se sont fait le plus remarquer, sont les suivantes : le gros et petit Soissons, la Chine gris et blanc, le Bicolore, le Saint-Esprit, le Flageolet blanc, le gros Rouge d'Alger, le marbré de Portugal, le Caillaud et le Solférino. Il est très-désirable que quelques-unes de ces espèces se vulgarisent et viennent se substituer au haricot nain, marbré, ou rouge ordinaire, qui règnent en souverains sur nos marais de la Sèvre, car par ce temps de renchérissement général des denrées alimentaires, le haricot semble avoir été épargné, ce qui lui assure la continuation du succès dont il a toujours joui dans les réfectoires, comme une des plus précieuses ressources de la cuisine économique, et tend à propager de plus en plus son usage dans les classes où l'équilibre entre le salaire et les nécessités de la vie est depuis quelques années si difficile à obtenir. Il n'est donc pas mal de chercher à introduire un peu de variété dans les produits de ce précieux légume, à la pratique duquel le régime du collége nous a tous initiés, un peu plus peut-être que nous ne l'aurions voulu.

Les betteraves ont parfaitement réussi : celles de

Silésie, la Sucrée, le Globe, se sont particulièrement fait remarquer; elles ont donné des échantillons de 14 à 15 kilog.

Les carottes ont fait merveille; l'espèce dite Blanche des Vosges est celle que recommande plus particulièrement la Commission du Jardin d'expérimentation; elle pivote moins que la carotte Collet-vert; elle est plus sacchareuse et se développe davantage.

L'asperge y réussit admirablement comme précocité, volume et saveur.

Tous les produits, en un mot, de la culture maraîchère trouvent dans le sol du marais les plus parfaites conditions de végétation; et, n'ayant pas encore rencontré d'insuccès, la Commission du Jardin va continuer ses expériences sur le riz sec blanc de Cochinchine, sur la garance et sur tous les produits du sol en général.

Le houblon, essayé par une plantation de 300 pieds au printemps dernier, a donné une magnifique récolte, et la qualité du grain soumise à l'analyse, a été reconnue égale aux meilleurs produits de l'Alsace.

Mais il est une plante que recommande particulièrement la société de la Vendée, c'est une graine oléagineuse, la cameline, qui a le très-grand mérite de pousser avec une telle rapidité qu'elle n'exige pas trois mois, de la semence à la récolte; elle donne en outre un rendement extraordinaire. C'est ainsi que le résultat obtenu, sur une très-petite étendue, il est vrai, 2 ares, semés le 5 juin et récoltés le 14 août, ne permet pas d'évaluer à moins de 900 fr. le produit de l'hectare. La Société d'expérimentation appelle l'attention des cultivateurs sur cette plante, qu'elle considère comme destinée à un très-grand avenir dans le Marais.

On le voit, le programme des cultures auxquelles se prête le marais, est aussi étendu que varié; et quand on songe que nos 15,000 hectares, conviés depuis 30 ans à peine à la vie agricole, ne produisaient, au commencement de ce siècle, que des roseaux et des rouches, on ne peut s'empêcher de trouver dans ce fait une pensée d'émulation et de confiance dans l'avenir, car il y a encore en France 185,000 hectares de marais et 2,700,000 hectares de landes dont la plus grande partie n'est soumise à aucune culture sérieuse.

Résumé.

VII.

L'ordonnance du 24 août 1833, a-t-elle résolu la question du dessèchement ? — Non, puisque nous avons eu, depuis l'achèvement des travaux qu'elle prescrivait, plusieurs inondations d'été, notamment celles de 1852, 1855 et 1859. Mais il ne faut pas, néanmoins, méconnaître les services rendus par elle au bassin de la Sèvre. 15,000 hectares de marais, qui ne produisaient que de mauvaises herbes et ne valaient pas 300 fr. l'hectare, donnent aujourd'hui d'excellents fourrages ou sont livrés à la culture, et valent, en moyenne, 2,500 fr.

Cette plus-value est certainement due, pour une partie, au mouvement économique, qui a triplé en France la valeur du sol depuis 30 ans; mais elle est aussi, pour une grande part, le résultat des travaux de dessèchement.

Le projet de M. l'ingénieur en chef Deglaude, qui s'exécute en ce moment, doit-il achever l'œuvre commencée par l'ordonnance de 1833 ? — On ne saurait l'espérer : M. l'Ingénieur en chef présente lui-même son projet comme ne pouvant conjurer, mais seulement atténuer les pertes accidentelles des récoltes, causées par les débordements. Ce sera donc une amélioration nouvelle, ce ne sera pas encore le dessèchement complet.

Est-il donc complètement impossible d'atteindre le but que nous poursuivons, c'est-à-dire d'éviter d'une manière absolue les inondations d'été ? — MM. Maire et Sallebert ont indiqué les moyens à l'aide desquels ce résultat leur paraissait certain. M. Deglaude ne croit pas qu'il y faille songer, à moins de recourir à l'endiguement, ce qui occasionnerait, pense-t-il, des dépenses hors de proportion avec le résultat poursuivi, et changerait complètement la nature des rapports de la Sèvre et de ses marais.

Entre deux opinions émanant d'ingénieurs également distingués, nous inclinons volontiers vers celle qui flatte le plus nos sympathies, et, quoique dépourvu de l'autorité nécessaire pour trancher un pareil débat, s'il nous était permis de le dépouiller pour un instant de son appareil scientifique, nous le réduirions à ces simples termes :

La Sèvre débite, pendant les crues, un certain nombre de mètres cubes d'eau par seconde, que son lit ne peut contenir. Cet excédant, qui se répand sur les marais, pourrait être maintenu par un endiguement. — On a écarté ce moyen. — Il pourrait être recueilli dans un canal latéral, et conduit à la mer. Ce canal, il y a 30 ans, n'aurait pas coûté 500,000 fr. — On a substitué à ce moyen sérieux, radical, deux petites rigoles qui, après avoir suivi la Sèvre pendant le tiers à peine de son parcours, viennent se confondre avec elle au milieu du bassin.

10

On pourrait enfin contenir cet excédant, dans le lit même de la Sèvre, sans endiguement, par des redressements et des creusements qui lui donneraient la mesure de capacité nécessitée par la quantité d'eau qu'elle est appelée accidentellement à contenir et à écouler. Qu'a-t-on fait dans le lit de la Sèvre ? — Rien ! rien de sérieux du moins ; car si on y a pratiqué quelques redressements insuffisants, qu'il faut reprendre aujourd'hui, il existe sur beaucoup de points des attérissements qui encombrent le lit de la rivière, font obstacle à l'écoulement des eaux et provoquent les débordements (1).

Tant que ces attérissements n'auront pas disparu, tant que le lit de la Sèvre n'aura pas été régularisé et mis en état de contenir l'excédant que, dans son état actuel, il est forcé de rejeter, il suffira de deux ou trois jours de pluies consécutives, pendant l'été, pour plonger le Marais dans la ruine et le désespoir.

Les rigoles et les fossés s'envasent naturellement de 5 à 10 centimètres chaque année, et doivent être recurés au moins une fois tous les 10 ans. Pourquoi la Sèvre, visitée chaque hiver par des inondations qui entraînent avec elles des quantités considérables de matières limoneuses, ne subirait-elle pas le même sort ? On objecterait vainement que la rapidité du courant, développée par les crues, loin de permettre

<hr>

(1) Il existe encore des radiers qu'on suppose être des vestiges de quelques-unes des six écluses qui divisaient le cours de la Sèvre au XIIIᵉ siècle, et qui ne sont pas établies à plus d'un mètre au-dessous du plan des marais.

les dépôts, sert à nettoyer le fond du lit ; cette explication, admissible pour un fleuve dont le thalweg forme un plan parfaitement régulier, ne saurait être acceptée pour une rivière sinueuse et pleine d'attérissements, comme la Sèvre.

Puisqu'on ne veut ni endiguement, ni canal latéral, c'est là, dans le lit de la Sèvre, qu'est le remède ; c'est ce sol, composé d'alluvions sans résistance qu'il faut creuser et régulariser. Si on eut commencé par là, si on y eut concentré toutes les dépenses éparpillées, non sans profit toutefois, sur tous les autres points, il ne faudrait pas discuter aujourd'hui les probabilités d'éventualités qui seraient passées dans le domaine des faits accomplis.

Le projet de M. l'ingénieur en chef Deglaude entre bien dans cette voie, mais d'une façon moins large que nous ne la comprenons, et il a le tort à nos yeux de laisser sans solution, ce qui nous semble être un point important de la question, le passage des crues à travers Marans. Nous entrevoyons, pour les marais situés en amont de cette ville, dans ce silence du projet, un changement de régime dont la perspective nous inspire quelque inquiétude. Mais c'est là un des secrets de l'avenir, sur lequel nous ne voulons pas trop nous arrêter aujourd'hui.

Nous ne terminerons pas cette notice sans dire un mot de la question de la retenue des eaux, que nous avons signalée comme une des faces importantes de celle du dessèchement.

Il y a, dans l'ordonnance du 24 août 1833, une

lacune évidente : c'est une réglementation relative à la retenue des eaux. A cette époque où l'eau dominait pendant les trois quarts de l'année, il était, il est vrai, peut-être assez difficile de prévoir que le résultat allait dépasser les espérances, et qu'après s'être débarrassé de l'eau qui couvrait le sol, il serait nécessaire d'en régler l'écoulement pour les besoins du parcours et de l'agriculture. L'ordonnance paraît imprégnée de cet esprit qu'il faut d'abord s'en débarrasser, sauf à voir après ce qu'il conviendra de faire.

Composé d'alluvions, de détritus et de racines végétales accumulées, le sol superficiel du Marais, presque constamment baigné par les inondations, était primitivement dépourvu de densité, à ce point que, généralement, il obéissait au mouvement de l'eau, et, dans une certaine mesure, s'élevait ou s'abaissait avec elle. Il est facile de se figurer quels peuvent être les effets de la sécheresse sur ce sol soufflé, spongieux, manquant de cohésion. Ces effets sont désastreux : la terre se fend en longues crevasses, se convertit en poussière ; sous l'action du soleil, la végétation s'arrête et les plantes languissent et souffrent. Si la pluie survient sur un sol ainsi préparé, elle le traverse sans y laisser pour ainsi dire de trace ; ce n'est que par son abondance exceptionnelle, qu'elle peut apporter quelque remède à cet état de choses. Mais si, à défaut de pluies, le niveau de l'eau peut être maintenu dans les fossés à une certaine hauteur voisine du sol, grâce à la spongiosité de la terre, les racines des plantes aspirent la fraîcheur du sous-sol, et ce secours permet à la végétation de ne rien redouter des ardeurs de la sécheresse. Il est donc d'un immense intérêt pour le Marais de conserver, pour la saison d'été, ce niveau réparateur, que l'expérience a démontré être de 30 centimètres environ au-dessous du sol.

Le débit de la Sèvre est très variable : s'il s'élève, au moment des crues extrêmes, jusqu'à 60 mètres et même au‑delà par seconde, il descend, pendant l'étiage, à 2 mètres 50 cent., d'après M. l'ingénieur Maire, et même au-dessous de 2 mètres, selon M. l'Ingénieur en chef actuel. On comprend qu'à ce moment, pour remplir, à l'aide de ce mince filet d'eau, le lit de la Sèvre, pour les besoins de la navigation, et les innombrables fossés des marais, pour les besoins de la circulation et l'abreuvement des terres, il faut la ménager avec un soin avare. Le plan adopté pour arriver à ce résultat est basé sur la théorie de la division de la Sèvre, adoptée par M. Maire. Cet ingénieur a divisé l'étagement des eaux de la Sèvre en 8 biefs, dont la chûte varie de 40 centimètres à 1 mètre 50 cent. Ces biefs, fermés par autant de barrages placés dans le lit de la Sèvre, et des canaux latéraux correspondants, ne doivent s'ouvrir que pour les besoins de la navigation. Ces barrages, la plupart en bois, doivent être successivement remplacés par des écluses en maçonnerie. Malgré l'insignifiance à laquelle réduisent chaque année le débit de la Sèvre les rigueurs de l'étiage, il n'est pas impossible d'obtenir un régime satisfaisant pour tous les intérêts. Mais il est nécessaire que chacun des étagements soit hermétiquement fermé. C'est à ce résultat que tend, pour la première fois cette année, l'administration des ponts et chaussées, par la prescription de 47 barrages, imposés, pour le seul département des Deux-Sèvres, au syndicat, aux communes et aux particuliers. Nous nous associons pleinement à cette mesure qui, en sauvegardant les droits de la navigation, doit donner une égale satisfaction aux intérêts de l'agriculture.

Dans une contrée où le bateau est le principal, presque l'unique moyen de transport, c'est une grande gêne pour les populations que ces barrages multipliés; mais la végétation, l'abreuvement des bestiaux, celui des habitants, qui, sur quelques points, n'ont pas d'autres eaux que celles de leurs rigoles, la circulation elle-même, sont à ce prix; et ce sont des avantages si précieux dans le Marais, qu'on ne saurait formuler autrement le dessèchement que par cet axiôme : Se débarrasser des eaux nuisibles et retenir les eaux utiles.

En résumé, l'ordonnance du 24 août 1833 a été un immense bienfait pour les marais de la Sèvre; le projet de M. l'ingénieur en chef Deglaude les dotera d'une nouvelle amélioration. Mais elle ne sera, comme nous l'avons déjà dit, qu'une nouvelle étape vers le but que nous poursuivons. Les inondations d'été auront moins de durée, elles ne seront pas moins fréquentes; et, pour ne les avoir subies que pendant huit jours au lieu d'un mois, les récoltes n'en seront pas moins, dans beaucoup de cas, complètement perdues.

Nous avons donc encore de douloureuses épreuves à subir avant qu'on ne reconnaisse que, si le mieux n'est pas l'ennemi du bien, on ne peut obtenir, avec des demi-mesures, que des demi-résultats.

TABLE DES MATIÈRES.